低调做人 高调做事

成功的途径：
做事有智慧，做人有境界

张艳玲 改编

民主与建设出版社
·北京·

© 民主与建设出版社，2021

图书在版编目（CIP）数据

高调做事低调做人 / 张艳玲改编 . —北京：民主与建设出版社，2015.9（2021.4 重印）

ISBN 978-7-5139-0744-6

Ⅰ . ①高… Ⅱ . ①张… Ⅲ . ①人生哲学—通俗读物 Ⅳ . ① B821-49

中国版本图书馆 CIP 数据核字（2015）第 210163 号

高调做事低调做人
GAODIAO ZUOSHI DIDIAO ZUOREN

改　　编	张艳玲
责任编辑	王　倩
封面设计	天下书装
出版发行	民主与建设出版社有限责任公司
电　　话	（010）59417747　59419778
社　　址	北京市海淀区西三环中路 10 号望海楼 E 座 7 层
邮　　编	100142
印　　刷	三河市同力彩印有限公司
版　　次	2016 年 1 月第 1 版
印　　次	2021 年 4 月第 2 次印刷
开　　本	710 毫米 ×944 毫米　1/16
印　　张	13
字　　数	130 千字
书　　号	ISBN 978-7-5139-0744-6
定　　价	45.00 元

注：如有印、装质量问题，请与出版社联系。

前言 PREFACE

在人的一生中,能够立自身根基的事不外乎两件:一件是做人,一件是做事。的确,做人之难,难于从躁动的情绪和欲望中稳定心态;成事之难,难于从纷乱的矛盾和利益的交织中理出头绪。而最能促进自己、发展自己和成就自己的人生之道便是:高调做事,低调做人。

低调做人,高调做事,是一门精深的学问,也是一门高深的艺术,遵循此理可以使我们获得一片广阔的天地,成就一份完美的事业,从而给自己赢得一个涵蕴厚重、丰富充实的人生。

高调做事,指的是做事的高标准、高目标、高要求、高姿态和高志向。有了高标准才能高屋建瓴;有了高目标才能高瞻远瞩;有了高要求才能高歌猛进;有了高姿态才能高义薄云;有了高志向才能高视阔步。低调做人,指的是在做人方面必须检点自己的一种内敛行为,以稳重的姿态、谦逊的言辞平抑处世。

有些人进取精神不强,缺乏克服困难的勇气,自我要求不高,安于现状,不思进取,工作中不走在人前,也不落人后,随大流,有干好工作的热情,但自身综合能力缺乏,办法少、点子少、找不准切入点,往往事倍功半,甚至好心办成坏事。有些人说起来头头是道,自以为是,这也行,那也行,但工作起来这也不行,那也不行,结果一事无成。

高调做事、低调做人,就是要求我们以高度的热忱、旺盛的求知欲、精巧的身手、创造性的想象力、良好的人际关系、平和宽容的心态去为人处世，从而获得自己想要的成功。而成功却总是与困难相伴而来，成功的特点即是高远的目标加上巧妙的执行方法。

　　高调做事、低调做人，是成功人士奉行的人生准则。希望本书能让你在掌握做人做事之精髓的道路上少走一些弯路，尽快在爱情中体验甜蜜，在事业上获得成功，在人生的道路上找到幸福。立身者当志存高远，一个人唯有立下高远的志向，才可能在人生长路上披荆斩棘，奋勇向前，实现理想。心动不如行动，脚踏实地地做好每一件事，抓住机会立即行动，财富就在你手边！

目　录

前言 ………………………………………………………… 1

第一章　挑战目标,坚持不懈

01　持之以恒——获得成功的第一要素 ……………… 2
02　明确目标,给成功一个方向 ………………………… 4
03　一旦确定就要坚持下去 ……………………………… 7
04　机会往往留给有准备的人 …………………………… 11
05　向着目标勇往直前 …………………………………… 14
06　成功永远属于挑战者 ………………………………… 17
07　不入虎穴焉得虎子 …………………………………… 19
08　充分发挥你的潜能 …………………………………… 22
09　脚踏实地,坚持到底 ………………………………… 25
10　耐住寂寞,等待成功 ………………………………… 29

第二章　找对方法,才能抢先一步

01　激情改变命运 ………………………………………… 34
02　集中精力支配自己的时间 …………………………… 37

03　把问题变为转机 …………………………………… 39

　　04　思路决定出路 ……………………………………… 41

　　05　心动,更要行动 …………………………………… 44

　　06　在合作中获得双赢 ………………………………… 47

　　07　对未来有所预见 …………………………………… 49

　　08　掌握审时度势的艺术 ……………………………… 52

　　09　努力争取自己想要的生活 ………………………… 54

　　10　因正确的意见而改变 ……………………………… 58

第三章　成败之间有取舍

　　01　把困难当做机会 …………………………………… 64

　　02　细节决定成败 ……………………………………… 66

　　03　天生我才必有用 …………………………………… 71

　　04　不要为自己的失败找理由 ………………………… 76

　　05　谨慎判断,大胆行动 ……………………………… 78

　　06　打破常规,出奇制胜 ……………………………… 81

　　07　世上没有绝对的失败 ……………………………… 84

　　08　敢于面对失败,才能走向成功 …………………… 86

　　09　不要因为失意而放弃追求成功的理想 …………… 88

　　10　好事多磨,把心放宽 ……………………………… 90

　　11　与对手合作是一种智慧 …………………………… 93

　　12　生活要懂得取舍 …………………………………… 95

第四章　坦然接受生活的考验,愈挫愈勇

　　01　拭去心中的烦恼 …………………………………… 100

　　02　正视人生的挫折 …………………………………… 103

03	苦难是成功者的财富	106
04	不要抱怨命运不公平	109
05	人,要靠自己	113
06	为自己搭建实现理想的平台	115
07	全力以赴,追求完美	118
08	永葆进取心	120
09	珍惜眼前,别被过多的想法所累	123
10	成就事业就要有自信	126

第五章 学会忍耐,低调做人

01	善于察言观色	132
02	多结交比自己优秀的人	134
03	没有绝对的朋友,也没有绝对的敌人	137
04	别封死了自己的后路	140
05	说话办事讲究策略	141
06	要给对方台阶下	143
07	友谊是事业的精神支柱	145
08	人与人之间要保持一定的距离	148
09	让人需要而不是感激	151
10	善待你周围的人	153
11	得饶人处且饶人	157
12	人在屋檐下,一定要低头	162
13	低调的人离成功最近	167

第六章 淡然处世,从容做人

01	拥有一颗感恩的心	172

3

02 与人方便就是于己方便 …………………………… 174
03 永远不要认为自己是"大材小用" ………………… 176
04 不要让别人知道你比他更聪明 …………………… 180
05 热情做事,平静做人 ………………………………… 183
06 胜利的时候更要保持平常心 ……………………… 187
07 沮丧的时候默念三声"谢谢" ……………………… 190
08 积累平凡,就是积累卓越 ………………………… 193
09 吃亏也是一种福气 ………………………………… 196

第一章

挑战目标,坚持不懈

今天的人类不仅仅是为了能够生存,而且要生活,让自己生活得更好、更精彩。因此,你要有挑战未来的勇气和能力,把别人眼里的障碍看成是成功的机遇。只要你怀抱着成大事的理想,像蜗牛一样,锲而不舍地朝一个目标努力,就一定能够成功。

01 持之以恒——获得成功的第一要素

阳光总在风雨后,乌云头上有晴空。

人生的道路上,谁都会经历失败。面对一次次失败,不是每个人都能够认准自己的目标继续奋斗,坚持到底。面对一次次的失败,许多人熄灭了理想之火,最终选择了放弃,他们是被自己的软弱意志彻底地扼杀了,而也许此时他们离成功已近在咫尺,只要再坚持一下就可以了。

世界上没有走不通的路。条条道路通罗马,无论你往东走,还是往西行,只要坚持走下去,就可以达到目的。只要相信自己能够成功,往往就能成功,成功的决心往往就是成功本身。因此,真诚的决心常常被赋予了无限的能量。

"行百里者半九十",很多时候成功和失败的差距仅仅是一步之遥。成功和失败往往不在于开始九十九步的距离,而在于最后一步的坚持。许多人干什么事,起初都能够付诸行动,但是,随着时间的推移,难度的增加以及气力的耗费,大多数人便从思想上开始产生松劲和畏难情绪,接着便停滞不前以至退避三舍,最后放弃了努力。一个人想干成任何大事,都必须要能够坚持下去,只有坚持下去才能取得成功。

人天生就有一种难以摆脱的惰性,所以在干什么事时常常会浅尝辄止、半途而废。当他在前进的道路上遇到障碍和挫折时,便会灰心丧气和畏缩不前。这也和走路行进一样,大多数人都愿意走平坦的下坡路,而不喜欢艰难的上坡路。

往最省力的方向想,或者喜欢走下坡路,对于走路并不要紧,然而对于一项重大的事业来说,却是一种致命的伤害,因为这样一来,远大的目标就不能达到了。许多人之所以没有收获,主要原因就是在最需要下大力气,花大工夫,毫不懈怠地坚持下去时,他却停止了努力。成功当然也就与他无缘了。

1989 年,史玉柱辞掉工作下海去深圳创业。当时的他经济拮据,为了向客户演示、宣传自己新开发的 M—6401 桌面文字处理系统,他决定赌一把,以加价 1000 元的代价获得推迟付款半个月的"优惠",赊得一台电脑。

为了尽快打开软件销路,史玉柱想到了打广告。他再下赌注,以软件版权做抵押,在《计算机世界》上先做广告后付款,推广预算共计 17 550 元。

与《计算机世界》达成一致意见后,史玉柱打出半个版的广告。广告刊出后,他天天跑邮局看汇款单,10 天过去了,居然没有收到一张汇款单,他整个人几乎为之疯狂。史玉柱天天在办公室等电话,天天守着电话机,心里告诉自己:"再坚持一下吧!或许会出现奇迹。"但电话始终没有响起。

11 天过去了,12 天过去了,史玉柱还是没有接到一个咨询或购买电脑的电话。他心想:明天就是最后一天了,半个月的还款期限马上就到,如果还没有人来电咨询或购买的话,电脑就要重新还给别人了,所有的钱

也都将打水漂。

直到第 13 天下午 4 点了,史玉柱还是没有接到一个电话。放弃吗?难道还会有奇迹吗?史玉柱心想:再坚持一下吧!

下午 5 点过了,史玉柱还是没有接到一个电话。时间又到了下午 6 点,终于,期待已久的电话响起来了,居然是一个求购电话!史玉柱终于卖出了一套软件。史玉柱坚持到最后一刻没有放弃,他得到了应有的报酬。

他收到的汇款单不是一笔,而是同时来了数笔。史玉柱长长地出了一口气,终于有了一线生机。此后,汇款单如雪片一般飞来,至当年 9 月中旬,M-6401 桌面文字处理系统的销售额就已突破 10 万元。

这是史玉柱人生的另一个开始,就因为史玉柱的那一个决定——再坚持一会儿,才有了史玉柱后来的人生。

平庸的人和杰出的人,其不同之处就是看能不能坚持。坚持下去就是胜利,半途而废则前功尽弃。如果你想比别人得到更多的机会,那就比别人多坚持一会。人的一生总会遇到这样那样的挫折,不可能一帆风顺。如果我们学会坚持,一切都会迎刃而解。要知道,阳光总在风雨后;乌云头上有晴空。黎明之前是最黑暗的。只要我们学会坚持,就一定有成功的一天。

02 明确目标,给成功一个方向

有明确目标的人,就能勇往直前,没有目标的人,就像水上的浮萍,东飘西荡,不知何去何从。

确立目标是成功的起点。确立了目标的人,在与人竞争时,就等于已经赢了一半。

在人生的竞赛场上,没有确立明确目标的人,是不容易得到成功的。许多人并不乏信心、能力、智力,只是没有确立目标或没有选准目标,所以没有走上成功的途径。

目标对于成功者,犹如空气对于生命,不可缺少。没有目标就没有成功,没有空气就不能生存。设定明确的目标,是所有成功者的出发点。失败者之所以失败,就在于他们从来没有设定明确的目标,并且也从来没有踏出他的第一步。有了明确的目标,并针对这一目标付诸行动,成功就会来到。

一艘三桅帆船在平静的海面上航行,突然海面上狂风大作,暴雨倾泻而下。为了减少风雨对船身的威胁,水手们卸下了两面船帆,正要卸下第三面船帆时,却发现齿轮也出现了毛病,根本无法操作船帆升降。船长只好选派一名年轻的水手爬到桅杆的顶端,去解开系住船帆的缆绳。这位水手在风雨摇晃船身的情况下,眼看就要爬到桅杆的顶端时,却胆怯起来,他紧紧抱住桅杆,不敢再移动分毫。虽然甲板上的人们都为这年轻水手加油打气,但年轻水手却手脚颤抖地大叫:"没办法,这儿太高,太摇晃……"一位老水手对年轻水手说:"全船人的生命都在你手中,现在听我的话,千万不要往下看,集中你的注意力在桅杆的顶端,看着你要解开

高调做事低调做人

的那条缆绳。"

年轻水手听了老水手的话，便抬头望向桅杆顶端的缆绳。只见他三两下就爬了上去，顺利地解开系住的缆绳，巨大的船帆急速落了下来。

老水手的话道出了目标定位的重要，故事中的目标就是缆绳。年轻水手当时要做的事情就是全身心地去解开缆绳。有了目标定位，人的精力就能凝聚到一个焦点上，避免那些不相干的事分散注意力，这时人就会自觉地朝目标前进。

卢卡诺·帕瓦罗蒂是世界歌坛的超级巨星，当有人向他请教成功的秘诀时，他总是会提到他父亲说过的一句话。刚从师范学校毕业时，他既痴迷音乐，又想去当教师。父亲对他说："如果你想同时坐在两把椅子上，你可能会从椅子中间掉下来，生活要求你只能选择一把椅子坐上去。"帕瓦罗蒂听从了父亲的话，只选择了一把椅子——音乐。经过14年的努力与奋斗，最后终于登上了大都会歌剧院，成了超级男高音歌唱家。

在生活中，很多人之所以不能成功，缺少的不是能力，而是正确的指导方向和明确的目标。

凡是成就大业者，他们都有着明确的奋斗目标，并且照着目标的道路一直前行，总是以无畏的勇气和坚定的行动，为着这一目标集中全部精力去奉献、去创造、去拼搏。

假如有一艘船在大海上航行，你问船长："船在哪里靠岸？"船长说："我不知道。"你说这艘船最终会停在什么地方？

假如有一个神枪手拿出一支枪准备射击，你问他："靶心在哪里？"他说："我不知道。"你说他能击中目标吗？

假如你坐上出租车，出租车司机问你："你要去哪里？"你能说"我不知道"吗？

所以，要想成功，要想超过别人，一定要给自己确定一个目标，这样就等于给你的事业定下了一个成功的方向。有句谚语说得好，"没有方向的船,永远没有彼岸。"

　　一个人没有明确的目标,就好像一条船在海里漂荡。因为没有它的目标港,那么不管这条船漂了多久,经历了多少风吹雨打,它始终不会到达目的地。人也一样,不论他有多么聪明,无论他上过大学或研究生,也不管他是多么有经验,人生阅历多么丰富,只要缺乏人生目标,他一生肯定难成大事。

　　成功学大师卡耐基说过一句话:目标是成功的起点,是成功者的指南针!人生奋斗的第一步无疑是为自己找到一个明确的目标。目标是一种目的、一种意向,是一个引导着你不断前进、不断奋斗的明灯。明确目标的人,就能勇往直前;没有目标的人,就好像水上的浮萍,东飘西荡,不知何去何从。找准自己的人生定位点,围绕一个目标去奋斗,最后才有可能成功。条条大路通罗马,但你只能选择一条。人生亦如此,成功的路有很多条,但你需要做的是选择最适合自己的那条路,然后坚定不移地走下去,你就一定能够成功!

03　一旦确定就要坚持下去

　　成功是衡量人生价值的尺子,是人类自我实现的需要。

　　每个成功的人都知道,取得成功并不是一个简单的过程,它需要你用无比坚强的意志,不断地挑战人生,坚持到底,才能采摘到胜利的果实。有些时候,也许只是少了那么一点点的坚持,成功就会与之擦肩而过。常言道:"坚持就是胜利。"人贵有坚持到底的毅力和勇气。请记住:坚持一下,再坚持一下,我们就能走出困境,取得成功。

　　戴维决定要成为第一位游过英吉利海峡的女性。多年来,她不断地

高调做事低调做人

练习,直到1952年,这一天终于来临了。她出发时充满了希望,四周站满了新闻记者,当然,还有一些是怀疑她能否完成这个壮举的人。

当她快接近英格兰海岸时,海面上起了一阵浓雾,海水翻腾冰冷。"来吧!戴维",母亲把食物递给她时鼓励她道,"你可以办到的,只不过再游几里罢了。"

最后,她在筋疲力尽下被拉到船上,距离目标只有一百多码。她很难过,特别是在发现她距离自己目标有多近之后。

"我不是找借口",她事后对新闻记者说,"但假如我能看到目标,我想我可以游到。"

不过她并不是那么容易被打倒的人,她决定再试一次。她集中精神在她印象中的英格兰海岸,这次,她又遇到了大雾和翻腾冰冷的海水,但她成功了,她成为历史上第一位游过英吉利海峡的女性,为什么?因为她能清楚地看到目标——经过她思想的眼睛。

为人处世,一般最艰难的时刻,是最令人难以忍受的,但也是最接近成功的时候。只要你不半途而废,不断总结失败的教训,成功很快就会到来。正如伟大的科学家诺贝尔所说:"坚忍不拔的勇气,是实现目标的过程中所不可缺少的条件。"

很多有伟大贡献的人,他们的成就和当初预定的目标完全不同。可以说他们并未达成目标,但他们在追求目标时,却有了其他发现和贡献。哥伦布原先是要找出一条通往印度的新航路,结果他却找到一个新大陆。

一个制鞋工厂为了扩大自己的市场,将自己的发展战略定在了某热带岛国,并以此作为整个热带国家市场的突破口。他们向社会广泛征集市场人员去做市场的调查与分析。结果反馈回来的信息令工厂大失所望,每个回来的市场人员都抱怨,那里的气候特别,再加上人们根深蒂固的生活习惯,生活在岛上的居民根本不需要穿鞋,因此在那里开发市场是不值得的。正当工厂准备放弃这个计划时,一位叫汤姆的市场人员却作出了与其他人相反的报告,汤姆认为正是因为岛上的居民都还没穿鞋,才暗藏了巨大的市场空间,所以我们必须尝试改变他们所固有的生活习惯。

于是汤姆带着艰巨的任务又来到了岛上,他拿了部分样品鞋给岛上的居民试穿,记录他们的感受和需要,再将当地的地理环境和气候条件做了分析。

工厂的设计师们根据汤姆的反馈信息,专门设计了一种鞋,透气性好,既舒适又耐磨。汤姆于是带着这种鞋到岛上开始了自己的推销,刚开始很多人对这种新奇的事物难以接受,一个月下来,汤姆的收获很小,于是汤姆向工厂申请,决定免费赠送100双鞋。这个促销带来了巨大的收获,很快这种新奇的事物给岛上的居民带来了前所未有的革命,他们纷纷购买这种价格很合理而且穿上它后感觉特别舒服的鞋子。就这样,汤姆经过细致的分析后,勇于尝试,终于取得了很大的成功。

善于把握机遇,铸造成功的人生。你只要知道自己尽了力就好。只要你为自己设定有价值的目标,努力去做,至于成功与否,那是次要的事。

在一条湍急的河边,很多人在那里淘金。有人幸运地淘到了沙金,并很快成为富翁。这个消息很快一传十,十传百地流传出去,许多人都认为这是个发财的好机会,于是那些想通过淘金来致富的人们从四面八方聚集到那里。

高调做事低调做人

20岁的农夫亚伯拉罕同大家一样,走了很远的路才来到这个人烟稀少的地方,也加入到了这支庞大的淘金队伍里。

越来越多的人开始来这里淘金,金子也变得很难淘。一批人走了,另外的人又来了。亚伯拉罕也很努力地在那里淘金,不分日夜,可是当他连续淘了一个月以后,连金子的影子也没看到,他开始失望了。看看自己所带的钱物,也快用完了,他于是想到了离开。

当他走到对岸的山头上时,回过头站在那儿,看看自己付出了心血却一无所获的地方,很不甘心。他默问自己:"难道真的这样失败的离开?"

突然,他看到眼前奇怪的一幕:想到对岸淘金的人,因为没有渡船,所以要走到下游的浅水区,趟水而过。"如果有条渡船,不是很方便吗?"亚伯拉罕心想,"而且还可以收费,这样不也可以赚钱吗?"

于是他将剩余的钱物用来做了艘简易的渡船,开始在河上撑渡。由于这样很方便,很多人乐意乘渡船来往于河的两岸。很多人坐他的船过河淘金,也有很多人坐他的船离去。

后来,很多淘金者都空手而归,而亚伯拉罕却通过撑渡积累了一笔不小的财富。

每个人都想获得成功,有的人也曾经为了成功努力过、奋斗过,但是当他们遇到挫折之后,就退缩了、放弃了,这种人无疑是懦夫。要知道,实现梦想需要朝着心中既定的目标锲而不舍地努力追求,需要我们一直坚持到底。

生活中,我们有时因为遭受失败和挫折而太急于选择放弃,致使自身落个失败的结局。生活就像金矿的矿脉,有时也会出现断层,只要你坚定信念,有信心认真挖掘,成功就不会离你太遥远。无论是谁,在确定自己在做某一件事情时,就应该执著、坚定地朝着自己心中的目标进发。

04 机会往往留给有准备的人

一个有敏锐观察力的人，就要能够从日常生活中发现不奇之奇。

有一句话是世界上最令人感到可悲的："曾经有一个非常好的机会，可惜我没有掌握住。"遗憾的是，这种事情在很多人身上都发生过。其实，机会对我们所有的人都是平等的。它有可能降临在我们每一个人的身上，但前提是：在它到来之前，你一定要做准备。

机遇主要指良好的、有利的机会。人们常说的"千载难逢""天赐良机"就是指机遇。像在荒地发现了油井、野外拾到了金刚石、采药发现了大人参等都是机遇。

100多年前，戴伟德跟随淘金大军来到荒野。他带了些以供淘金者做帐篷的帆布，还带了其他商品。而当他还没有来得及下船，除了帆布，其他货物都一售而空。

一针一线都需从外面进口的旧金山人需求之旺给戴伟德留下深刻印象。下船后，戴伟德带着帆布开始了他的"淘金"历程。

一位挖金矿工抱怨地告诉他，这里需要的并不是帐篷而是挖金时经磨耐穿的裤子。头脑灵活的戴伟德一点也不含糊，随即和那位矿工一起到裁缝店，用随身带来的帆布给他做了一条裤子，这就是世界上第一条工装裤，也就是今日十分时髦的牛仔裤的鼻祖。那位矿工回去之后，消息不胫而走，大量订货迅即而来。

矿工需要的是耐磨的裤子，而戴伟德手头只有做帐篷的帆布。如果戴伟德的头脑不灵活，他就只能后悔自己带错了商品，从而失去这次绝好的赚钱机会。但是，他没有让自己一时的劣势击败，积极地寻求突破口，

高调做事低调做人

将自己的聪明发挥得淋漓尽致。

百事可乐是由凯勒伯·布拉德于1898年开发成功的。开始时效益很好,但是受第一次世界大战后物价波动的冲击,百事可乐面临破产的命运。1922年,感到无力支撑的布拉德找到可口可乐公司总裁伍德拉夫,恳求可口可乐公司买下百事可乐公司。然而,伍德拉夫根本不把这个奄奄一息的企业放在眼里,他傲慢地对布拉德说:"我们可口可乐是世界上最优秀的饮料,我们懒得理会任何别的饮料。"布拉德只好把公司卖给了一个投资商。

投资商经营了几年之后,再次想把百事可乐公司卖给可口可乐公司,可还是遭到了新总裁罗伯特的拒绝,罗伯特用与他父亲伍德拉夫同样的口吻说:"咦,你怎么会产生我对可口可乐之外的饮料感兴趣的想法?"他根本不知道,如果他那时拿出广告费中的一小部分买下百事可乐公司,那么今后将给自己省去许多麻烦。

百事可乐第二次破产,古斯买下百事可乐的商标后,又有一次,古斯开出5万美元的价格,想将百事可乐公司卖给可口可乐公司,然而可口可乐的当权者们却说:"5万美元?百事可乐怎么能值5万美元?想敲诈我们吗?别开玩笑了。"

就这样,由于轻敌,可口可乐公司丧失了一次又一次兼并对手的机会。他们万万没有想到,就是这个一次次恳求他们买下的小不点儿,日后成为一代饮料巨人,与他们分庭抗礼,竞争市场,展开了一场世纪大战。

有一位哲人曾经说过:愚者错失机会,智者善抓机会,成功者创造机会。有许多人终其一生,都在等待一个使他成功的机会,可这种机会却总是难以盼到。而事实上,机会无时不在,重要的是当机会出现时,你是否已经做好了充分的准备。没有机会,就要创造机会;有了机会,就要巧妙地抓住。也许你正为失去一个机会而懊悔、埋怨的时候,真正的机会正被你对面那个同样失去机会的人给抓住了。

平时要留心周围的小事,才能培养敏锐的洞察力。就像牛顿不放过苹果落地、伽利略不忽视吊灯摆动、瓦特研究烧开水后的壶盖跳动这些似乎司空见惯的现象,他们因此而有所发明或发现,就是这方面的典型事例。

在日常生活中,常常会发生各种各样的事,有些事使人感到惊奇,引起多数人的注意;有些事则平淡无奇,许多人漠然视之,但这并不排除它可能包含有重要的意义。一个有敏锐观察力的人,就要能够从日常生活中发现不奇之奇。

19世纪的英国物理学家Ruly正是从日常生活中观察到,一端茶时,茶杯会在碟子里滑动和倾斜,有时茶杯里的水也会洒出一些,但当茶水稍洒出一点弄湿了茶碟时,茶杯会突然变得不易在碟上滑动了。他对此做了进一步研究,做了许多相似的实验,结果得到一种求算摩擦的方法——倾斜法,从而获得了创造给他带来的巨大喜悦。

高调做事低调做人

Ford 十岁时,和几个小朋友一起去划船钓鱼。Ford 坐在船舷上,他的两只脚不经意地在水里来回踢着。不知什么时候,船缆松了扣,船漂走了。Ford 没有忽视这种生活中的小事,他发现自己的两只脚起了船桨的作用。Ford 长大以后,经过刻苦学习和研究,终于制造出世界上第一艘真正的轮船。

机遇似乎时刻伴随在你我左右,而有时又觉得它是那样缥缈,那样可爱却遥不可及。也许有人会感叹自己命运不济,但事实上并非如此,一个人的相貌确实靠先天赐予,但是,命运决不是天定的!机会总是为有准备的人留着。

05 向着目标勇往直前

未来是不可预见的,只要朝着既定的目标走下去,你就一定能达到光明的未来。

每个人心中都有希望,希望得到一切美好的事物,财富、权力、自由,或者是其他。然而很多人只是这样空想,却不付诸实践,有的人即使有了实际行动,却中途放弃。我们心中最美好的事物就像一个神圣的地方,它值得我们为之努力奋斗,这样才能让我们的生命得到升华。

人们也许不明白或不赞成你所选的目标,但只要你能确定自己是正确的,就要勇往直前走下去,而不要犹豫不决,也不要太在意别人的看法。

史怀哲是位极有发展前途的医生,当知道非洲不仅医疗环境差,而且缺乏大量医疗人员时,他毅然放弃了有前途的医生事业,决定到非洲去行医。很多朋友知道后,都认为他是浪费天资,还派了一个代表到非洲去劝他回国。

"像你这么有天分的人为何要放弃一切,跟那些野蛮人生活在一起?"朋友问道。

"别认为这是牺牲,"史怀哲说,"只要一个地方能提供好的工作机会,在哪工作不是一样?我很感激你们的想法,但我已决定要留在非洲,照顾我的非洲朋友。"

他留在非洲直到1965年,享年90岁。他一直保持对生活的热爱,他的一生过得很有意义。他知道对他而言什么是重要的,他用毕生的精力来追求它。

如果你选定的目标合乎你的意愿,让你能维持自尊,并一直让你认为生活是有价值的,那么就不要在乎别人是怎么想的。有许多人经常让别人的意见来左右自己的生活,结果到头来得到的只有失望。

有两个年轻人,汤姆和麦克,他们一直生活在一个宁静的小镇上,后来他们开始在这个小镇工作。汤姆在镇上只有5个人的法庭当文书,而麦克则在只有4个人工作的邮局负责投递信件。

有一天,一张报纸让他们变得坐立不安。报纸上一则专题报道说东部正在进行如火如荼的开发建设,很多来自四面八方的人都涌到了那里成为一个个拓荒者。

汤姆和麦克兴奋不已,他们年轻,骨子里流着不安分的青春的血液。

高调做事低调做人

他们开始一起讨论,并决定到更广阔的地方去一试身手。

现实的生活总是充满了无情与残酷,当他们来到那片广阔的天地时,满以为能找到轻松的活干,可事实并不像他们想的那样,当他们快花光身上的积蓄时,不得不为了解决自己的生存而奋斗。

汤姆到了一家小公司里做文案,薪水虽然比在小镇上高,但是他还得应付房租和吃饭,每月下来都所剩无几,还要面临比原来大得多的工作压力,这使得汤姆有点喘不过气来。一年后,他带着疲惫的身心回到了之前生活的小镇。

麦克则在一家新成立的报社做投递,和汤姆一样,所得的收入只够自己的花销。可是麦克并没有放弃,他也不知道自己的明天会是什么样,只是做好自己当前的工作,但是当他看到自己供职的报社一天天发展壮大时,就有种说不出的激动。

麦克渐渐地发现,随着社会的发展,报纸定会成为每天人们的必需消费,所以,他大胆地向公司申请了一个报纸的分销点,就这样麦克开始了他事业的崭新起点。

5年过去了,汤姆仍然在小镇的法庭上当文书,生了一个可爱的女儿;麦克则拥有了近100家报纸分销网络,还自己代理了两种报纸的销售。当然,他们并没有谁对谁错,关键是看自己生活的目标和意义究竟是什么。

如果你认为你所选择的目标对你来说是有意义的,那么请你不要回头,坚定地走下去。未来是不可预见的,只要朝着既定的目标走下去,你就一定能达到。

每个人,无论是凡夫走卒还是英雄人物,总有遭人批评的时刻。事实上,越成功的人,受到的批评就越多。只有那些什么都不做的人,才能免遭别人的批评。真正的勇气就是秉持自己的信念,而不受别人的支配。

06　成功永远属于挑战者

成功的关键不在于人生是否一帆风顺,而在于你是不是一个敢冲撞命运,勇于挑战自我的天才。

没有人能够一步登天,不积跬步,无以至千里。成功是不断地向生活挑战,向自己挑战的积累,在挑战中进步。你只有行动,向困难挑战,只有这样,才能发挥自己的创造力,找到自己的不足,从而为成功打下基础。

一个小孩将捡来的鹰蛋放到了正在孵化的鸡蛋中,不久小鹰和小鸡一起出生了。它们共同觅食,共同游戏。渐渐地,小鹰长大了,它开始感到自己和身边的小鸡有些不同,可是又不知道是什么地方不同,这让它很苦恼。

有一天,小鹰独自来到了一个小山坡,仰望着无垠的天空,这时它看见一只老鹰在空中时而盘旋,时而翱翔。小鹰终于明白自己原来也应该是属于蓝天的。

于是它决定飞向天空,可是无论怎么他都飞不起来,是啊,它从来没有接受过飞行训练,怎么能飞得起来呢? 小鹰并没有放弃,它想了个办法,每天从这个不高的山坡上飞下来,刚开始它也有些担心,可是连试了几次后,它觉得其实也没什么,凭着这些简单的训练,小鹰的翅膀渐渐有了力量。它开始能低空飞行了。

然后,小鹰又选了个更高点的山头训练自己的飞行技巧,它从小没有妈妈,当然得不到指导了,但飞是它的本能,小鹰必须要经过不断的挑战和练习才能激发自己的本能。

又过了一个月,小鹰也会在空中盘旋了,于是它来到了一个悬崖边,

高调做事低调做人

这是它第一次飞行,它很担心,可是它必须这么做,因为这才是它的生活。小鹰一跃而下,拍打着自己稚嫩的翅膀,它成功了。

生活中,大多数人做事总担心失败,他们总会找出各种各样的理由,来使自己不去冒险,最后他们一事无成,只能羡慕地望着别人。有的人总是害怕困难,将一些很有意义的事推给别人,但当别人历尽千险得到鲜花和掌声后,他们又后悔当初不该将机会拱手相让。

在第一次世界大战中,有一位突击队长在完成任务回程途中受了伤,地点是火线上。敌人密集的枪弹把他躺着的地方封锁得密不透风。连长征求两名志愿者去营救,少校选择了两名兵龄最长者。这两个人不负众望,一寸一寸地匍匐着爬到伤者身边把他拖救了出来。一支精锐的部队,大多数成员都会把生死置之度外去接受特别艰险的任务。他们认为那是一种荣誉。

其实，风险是无时无刻不存在的。有人害怕去冒险，因为他们总想躺在幸福的港湾里，风平浪静，无比留恋安逸和舒适，毕竟风险常常是失败的导火索，常常意味着放弃到手的一切，意味着要承担许许多多困难和压力。如果认为四平八稳是最好的，那么我们的世界还会进步吗？人类的文明和繁荣它不是一纸空文？因此，想成功就得勇于挑战。

成功的关键不在于人生是否一帆风顺，而在于你是不是一个敢冲撞命运，勇于挑战自我的天才。人生最大的敌人是自己。挑战是一种动力，敢于挑战自我是一种无畏精神。所谓"靠山山倒，靠人人跑，靠自己最好。"别人只是你的一种辅助，而自己才是最重要的，把握自己的今天，敢于创造辉煌的明天，才是挑战性的胜利，而你将是笑到最后的人！

07　不入虎穴焉得虎子

成功常常属于那些敢于抓住时机、大胆冒险、不放弃有利机会的人。

常言说："无水不通船"。没有冒险精神，永远无法取得任何成就。冒险本身就是一种挑战，冒险与收获是结伴而行的，要想有丰硕的成果，就得敢于冒险。面对任何事、任何变化，都要有冒险精神，不去做怎么知道能否成功呢？成功者往往就是不惧失败而坚定去做的人。

"不入虎穴，焉得虎子"揭示了一个千古不变的道理：成功往往属于那些敢于抓住时机、大胆冒险、不放弃有利机会的人。一个有雄心的人如果下定决心做成某件事，那么他就会凭借胆识的驱动和潜意识的力量，跨越前进路上的重重障碍，成功也就有了切实可靠的保证。

被称为新工业之父的亨利·福特，年轻时在一家电灯公司当工人。有一天他突发奇想，产生了要设计一种新型引擎的意识。他把这个想法

高调做事低调做人

告诉妻子,妻子对他的发明研究很支持,还鼓励他说:"天下无难事,你就试试吧!"她把家里的旧棚子腾出来,供他使用。福特每天下班回到家里,就钻进旧棚子里做引擎的研究工作。冬天旧棚子里冷,他的手都冻成了紫色,牙齿在寒冷中"咯咯"颤抖,而雄心的火焰却在他心中燃烧,他默默地鼓励自己说:"引擎的研究已经有了头绪,再坚持干下去就能成功。"亨利·福特充分调动了自身的积极性,在旧棚子里苦干了三年,这个异想天开的稀奇东西终于问世了。1893年,亨利·福特和他的妻子乘坐着一辆没有马的马车,在大街上摇晃着前进,街上的人被这景象吓了一跳,有些胆小者还躲在远处偷偷地观看。从这一天起,这个对整个世界都产生深远影响的新工业,就在亨利·福特潜意识的驱动下诞生了。

后来亨利·福特决定制造著名的 V8 型汽车时,他要求工程师们在一个引擎上铸造 8 个完整的气缸。工程师们听了都直摇头说:"这不可能。"福特命令道:"谁不想干,就走人!"工程师们谁都不愿失业,只好照着亨利·福特的命令去做。因为他们认为这是一件不可能的事,所以谁都没有把成功输入在自己的意识里,这样潜意识也就闲置起来。6 个月过去了,研究毫无进展。亨利·福特决定另外挑选几个对研制 V8 型汽车有信心的人去完成。他坚信人一旦有了稳操胜券的心理,就有了希望。新挑选的几个工程师经过反复研究,忽然间,好像被一股神秘的力量"击中",终于找到了制造 V8 型汽车的关键窍门。

福特就是靠自己有一颗远大的雄心,靠自己"不入虎穴,焉得虎子"的不凡魄力,找到了制造 V8 型汽车的窍门。

俗话说:"没有永远不变的商情,没有一劳永逸的商机。"在风云变幻的商场上,每个人都有可能遇到发展的机会,但不是每个人都能抓住这个机会。

约翰·甘布士也是一位善于抓住机会,勇于冒险的人。他在一封给青年人的公开信中诚恳地说道:"亲爱的朋友,我认为你们应该重视那万分之一的机会,因为它将给你带来意想不到的成功。有人说,这种做法是傻子行径,比买奖券的希望还渺茫。这种观点是有失偏颇的,因为开奖券是由别人主持,丝毫不由你主观努力;但这种万分之一的机会,却完全是靠你自己的主观努力去完成。"

有一次,约翰·甘布士所在地区经济陷入萧条,不少工厂和商店纷纷倒闭,被迫低价抛售自己堆积如山的存货,价钱低到 1 美金可以买到 100 双袜子。

那时,约翰·甘布士还是一家织造厂的小技师。他马上把自己的所有积蓄都用于收购低价货物,人们见到他这股傻劲,都公然嘲笑他是个蠢材。

约翰·甘布士对别人的嘲笑漠然置之,依旧收购各工厂抛售的货物,并租了一个很大的货仓来储藏。

他妻子劝他,不要把这些别人廉价抛售的东西购入,因为他们历年积蓄下来的钱数量有限,本来是准备用做子女未来教育经费的。如果此举血本无归,那么后果便不堪设想。对于妻子忧心忡忡的劝告,甘布士笑过后又安慰道:"3 个月以后,我们就可以靠这些廉价货物发大财。"

甘布士的话似乎兑现不了。过了 10 多天后,那些工厂贱价抛售也找不到买主了,便把所有存货用货车运走烧掉,以此稳定市场上的物价。

高调做事低调做人

太太看到别人已经在焚烧货物,不由得焦急万分,抱怨起甘布士来。对于妻子的抱怨,甘布士一言不发。

后来,为了防止经济形势恶化,美国政府采取了紧急行动,稳定了物价,并且大力支持厂商复业。这时,当地因为焚烧的货物过多,存货欠缺,物价一天天飞涨。约翰·甘布士马上把自己库存的大量货物抛售出去,一来赚了一大笔钱,二来使市场物价得以稳定,不致暴涨不断。在他决定抛售货物时,他妻子又劝告他暂时不忙把货物出售,因为物价还在一天一天飞涨。

他平静地说:"是抛售的时候了,再拖延一段时间,就会后悔莫及。"

果然,甘布士的存货刚刚售完,物价便跌了下来。他的妻子对他的远见钦佩不已。甘布士用这笔赚来的钱,开设了5家百货商店。后来,甘布士成为全美举足轻重的商业巨子。

面对危机,顾虑重重,怕这怕那,畏畏缩缩,是不可能成为一个优胜者的,对一个成大事的人来讲,生活本身就是一种光荣的冒险事业。因为只要你肯冒险,你的问题就已经解决了一半。只要你大胆地迈出了一步,胜利就会提早来临。

成功常常属于那些勇于抓住时机,敢于冒险的人。有些人聪明,对不测因素和风险看得太清楚了,不敢冒一点险,结果聪明反被聪明误。实际上,如果能从风险的转化和准备上进行谋划,则风险并不可怕!

08　充分发挥你的潜能

人要学会用优点去做事情,去做自己有优势的事情,而不是去做那些自己没有优势的事情。

第一章　挑战目标，坚持不懈

埃及有这样一种传说：世界上只有老鹰和蜗牛两种动物能到达金字塔顶。鹰，矫健、敏捷、锐利；蜗牛，弱小、迟钝、笨拙。两只动物可谓一个天上，一个地下。鹰有一对飞翔的翅膀，蜗牛则背着一个厚重的壳。这两种动物从出生就注定一个在天空、一个在地上，它们唯一的相同点是都能到达金字塔顶。鹰到达塔顶，借助它一双飞翔的翅膀。而蜗牛到达金字塔顶，主观上是靠它永不退缩的执著精神，客观上应归功于它厚重的壳。正是这看上去笨拙、有些负重的壳，让小小蜗牛得以到达金字塔顶。

在登顶过程中，蜗牛的壳和鹰的翅膀起的是同样的作用。可是生活中，大多数人只羡慕鹰的翅膀，很少在意蜗牛的壳。人就是这样往往羡慕别人怎么怎么样，而忽视自己的优势。常常拿别人的优势和自己的弱势相比。在这个过程中殊不知常常夸大了别人却忽视了自己，从而也忽略了自己的一些优势。所以我们要发挥我所长找到我所用。

瑞士有位学者曾经说过一句著名的话："教育的最终目的在于发展各人天赋的内在力量，使其经过锻炼，能人尽其才，在社会上赢得他应有的地位。"我们每个人都可以获得自己应有的成就，就像瑞士的那位学者说的一样。我们每个人都有自己的优势和不足，真正的英雄恰恰能够发挥自己的优势。一个人要想成功，就要了解自己的优点和缺点，扬长避短，发扬自己的优点，避讳自己的缺点。人要学会用优点去做事情，去做自己有优势的事情，而不是去做那些自己没有优势的事情。

姜桂芝，河北省廊坊市的一个普通妇女。

44岁那年，她下岗了，丈夫一年前也下了岗，儿子正在大学念书，她是家里的顶梁柱，而下岗使她这个家里的顶梁柱遭到了沉重一击。但是她不能倒下，所有的眼泪和痛苦都必须咽下，她必须继续支撑这个家。

经过再三考虑，姜桂芝在街上摆了个摊，开始卖早餐。没下岗的时候，她每天都是7点半起床，不慌不忙地去上班。现在，她必须每天5点前起床，收拾收拾就去摆摊。她的胆子仿佛一下子变大了，以前在单位，

高调做事低调做人

大会上领导让她发言,她都面红耳赤,心跳加速,说话结结巴巴,惹得大家哄堂大笑。而摆摊以后,她的嗓门一下子亮起来,对着街上来来往往的人高喊:"油条,新出锅的油条啦!""八宝粥,又卫生又营养的八宝粥啦!"有些时候,她还会编出些新词,引得来往的行人不时地将目光投向她,生意自然也不错。邻近摊位的摊主都说她是做生意的料,根本不像个新手。第一个月,她粗粗结算了一下,赚了2000多元钱,整整比下岗前的工资多1000多元钱,她显得兴奋异常。虽然比以前累了些,但她却很高兴,心里也豁亮了起来。

由于生意很好,她一个人又确实忙不过来,便说服骑三轮拉客的丈夫跟她一块儿出摊卖饭,丈夫爽快地答应了。夫妻俩同心协力,开始了新的人生旅程。他们从卖油条和粥开始,到租个门面房卖饺子卖小吃,再到开面食加工厂。8年时间,她从一位下岗女工成为有着800多万资产的民营企业的厂长。这期间,她遭遇了不少困难,吃了不少苦,但是最终她成功了,还被当地政府评为"再就业明星""市三八红旗手"。

当有人问起她成功的秘诀时,姜桂芝这位很朴素的女强人说了这样一段话:"我实在想不到我的今天会是这么好,以前总觉得自己很平庸,做什么都不成,在单位混口饭吃就满足了。可一下岗,我整个人都变精神了,才觉得自己可以做的事情很多,自己也可以做一番事业。如果不是下岗,恐怕我就浑浑噩噩过一辈子了。"

其实,每一个人都有不同的才能,每一个人在生命的长河中都会找到属于自己的优势,每一个人都有很大的潜能,如果你觉得自己笨,那是因为你还没有寻找到你自己的优势。

5岁时的达·芬奇就能凭借自己的印象在沙滩上画出自己母亲的画像,同时还能即席作词谱曲,自己伴奏自己歌唱,引得在场的人赞叹不已。达·芬奇凭借自己在绘画上的天赋,发挥自己的优势和强项,在以后的成长道路上不断地学习绘画,最后成为文艺复兴时期著名的画家。他的《最后的晚餐》是世界上最著名的宗教画,《蒙娜丽莎》则为世界上最著名、最伟大的肖像画。这两件誉满全球的作品使达·芬奇的名字永垂青史。

一个人只有具备积极的自我意识,才会知道自己是个什么样的人,才会知道能够成为什么样的人。因而他能积极地开发和利用自己身上的巨大潜能,干出非凡的事业来。罗斯福曾说过:"杰出的人不是那些天赋很高的人,而是那些把自己的才能尽可能发挥到最高限度的人。"

想象自己能够成功,并用积极的动机推动行为的发展,通过不懈的努力,你就能达到目标。正如海伦·凯勒所说的那样:"当你感到有一种力量推动你翱翔的时候,你是不应该爬行的。"

09 脚踏实地,坚持到底

急躁常使我们不能冷静地审视客观条件,草率地做出决定,任意行事,其结果往往是事倍功半,甚至事与愿违,欲速则不达。

有梦想,生活就过得有滋有味,世界在眼中就精彩无限,这是人生活得美妙的第一步。但只有梦想,而不付诸行动,只能是空想、幻想而已。

高调做事低调做人

每个人的梦想不同,实现梦想的途径各异,但不管怎样,各人应该根据自己的实际能力确定自己梦想,然后脚踏实地地一步一步去努力奋斗,梦想才能实现。诗人萨迪说过:"事业常成于坚忍,毁于急躁。"确实如此,急躁常使我们不能冷静地审视客观条件,草率地做出决定,任意行事,其结果往往是事倍功半,甚至事与愿违,欲速则不达。

养由基精于射箭,且有百步穿杨的本领。相传连动物都知晓他的本领。一次,两只猴子抱着柱子,爬上爬下,玩得很开心。楚王张弓搭箭要去射它们,猴子毫不害怕,还对人做鬼脸,仍旧蹦跳自如。这时,养由基走过来,接过了楚王的弓箭,于是,猴子便哭叫着抱在一块,害怕得发起抖来。

有一个人向来敬慕养由基的射箭术,决心要拜他为师,经几次三番地请求,养由基终于同意了。收徒后,养由基交给徒弟一根很细的针,要他放在离眼睛几尺远的地方,整天盯着看。

看了两三天的徒弟有点疑惑,问老师说:"我是来学射箭的,老师为什么要我干这莫名其妙的事,什么时候教我学射术呀?"

养由基说:"这就是在学射术,你继续看吧。"于是徒弟继续看。

过了几天,他便有些烦了,心想:我是来学手艺,看针眼能看出神射吗?

徒弟不相信这些。养由基便又教他练臂力的办法。让他一天到晚在掌上平端一个石头,伸直手臂。这样做很苦,徒弟又想不通了,他心想,我只学老师的手艺,他让我端这块石头做什么?

养由基看他不行,就由他去了。这个人最终没有学到手艺,空走了很多地方。

成语"欲速则不达",是说希望很快完成的事情,结果却往往达不到目的,反而还会因为求快而最后变慢下来。在我们现在这样一个物欲横流的社会里,有很多这样的例子,很少有人能保持一种不急躁的状态。大凡有成就的人往往都是不急不火,温文尔雅的。即使有急躁的心态也能控制得很好,使它向好的方向转变。一旦你真的控制住了急躁,牵着它的鼻子走,那结果也就不同了。你会沉下心来踏踏实实地朝前走,制定一个一个小的目标,然后一个一个地慢慢接近它,最后走向大的目标。

李嘉诚,一个响彻全球的名字,他的童年经历及以后的创业过程就是这方面的典型。李嘉诚辛酸的童年经历是他成功的一笔宝贵财富。11岁那年,他随父母辗转来到香港。这时候李嘉诚的父亲因积劳成疾染上肺病。懂事的他深知父亲是因累而病倒的。他一边照顾生病的父亲一边好好地温习功课,以求给父亲精神上最大的安慰,尽管这样还是未能留住父亲。在他14岁的时候,父亲离开了他。父亲死后,李嘉诚被迫离开了他心爱的学校,用他还很稚嫩的肩膀毅然挑起赡养母亲和照顾兄妹的重担。

他的舅父想让他到自己的钟表公司去做活,但是他没答应。因为他想自己找工作不想靠任何人。仅仅14岁的他就不肯接受他人的帮助而要自己去闯,可见他从小就有自强、独立、自信的性格。这些都逐渐培养了他不急不躁、稳步前进的工作态度。

他找了几家之后,最后终于在一个小茶馆里找到了一个堂倌的事干。在这时,他就胸怀大志,从小事做起,踏踏实实地工作。在他干活的同时,

高调做事低调做人

还时时处处揣测客人的籍贯、年龄、职业、财富、性格,然后找机会验证;揣摩顾客的消费心理,既真诚待人又投其所好,让顾客既高兴又付钱。

过了一段时间以后,他又到舅父的钟表公司去当学徒,他偷偷学艺,很快就学到了钟表的装配及修理的技术。他利用自己敏锐的判断建议舅父迅速占领中低档表的市场,结果大获成功,这也为他以后创业增添了信心。

1946年,17岁的他辞别舅父,开始自己去闯事业。他多次失败,几经陷入困境。但这个时候他仍不急不躁,踏踏实实一步一个脚印地往前走。

1950年夏,22岁的李嘉诚经过长期稳健地考察,预计全世界将会掀起一场塑料革命,而当时香港还是一片空白,于是他创立了长江塑料厂。

作为一个沉稳又有头脑的人,李嘉诚善于抓住上天给他的每一个机遇。有一天,他在翻阅英文版的《塑料杂志》的时候,他看到意大利一家公司已经开发出用塑料制成的花并准备进军欧美市场。于是他想必须抢先占领这个市场,不然就会失去这个机会。之后他以最快的速度赶赴意大利,亲自去考察塑料花的生产技术和销售前景。正当他全力以赴地开拓欧美市场的时候,一个重大的机会出现了。一位欧洲的大批发商看到了李嘉诚生产的样品后,认为他的产品价格低于欧洲产品的价格。但他通过一些渠道得知长江公司是私有制。他表示愿意同李嘉诚合作,但为保险起见,必须有实力雄厚的公司或个人作担保。李嘉诚竭尽全力地去寻找但没有找到。最后他诚实地把真相告诉这位批发商以求能顺利签订合同。批发商看在李嘉诚诚实稳重的分上,答应了签这份合同。按协议批发商提前交付货款,从而解决了长江公司扩大再生产而资金不足的问题。

长江公司很快占领了欧美大部分塑料花市场。塑料花也使长江公司迅速崛起,李嘉诚也成为"塑料花大王"。

李嘉诚在房产投资上也表现出成功商人稳健的一面,资金再紧,李嘉诚宁可少建或不建,也不卖期房或加速建房进度。他坚守"稳步中求发展,发展中求稳步"的信条。

梦想不会无缘无故地成为现实,更不要幻想通过奇迹来改变自己的生活。我们需要的是自己一步一步脚踏实地朝着目标前进,只有这样,成功才会有水到渠成的一天。

对于那些渴望成功的人,应该记住:做什么事也不要着急,要三思而后行。成功之路,艰辛漫长而又曲折,只有你踏实稳步向前,坚持到底才能成功。

10 耐住寂寞,等待成功

只有耐得住寂寞的人,在寂寞中观察、分析、思考,才能对问题有独特的见解,对生活有独特的领悟,从而激发自己的潜能,向更高的目标迈进,实现自己的价值。

善于等待的人,才会受到成功的青睐;急功近利的人,只会功亏一篑。罗马不是一天建成的,需要一个漫长而艰苦的过程,过程中有挫折、有失败、有痛苦、有悲伤,更有光阴的不断流逝。真正有毅力的人是不会在乎这些的,他们只是静心地等待,等待属于他们的那个时刻的到来,哪怕是独自地等待。

古往今来,大凡成名成家者,都耐得住寂寞,潜心于做自己的学问,不受世俗的烦扰,在寂寞中走出了自己的一番天地。其实说到底,耐得住寂寞,是人的一种生存能力。一个人如果不能学会真正享受寂寞,则是残缺的人生。

在这物欲横流的世界中,许多人都心浮气躁,哪里还有享受寂寞的心

高调做事低调做人

情。相反,喜欢寂寞的人会把这看成是难得的享受,因为它可以让你展开想象的翅膀,在广阔的天空任意飞翔。

享受寂寞还可以激发你的潜能,让你有机会去思考,从思考中去领悟。思考需要宁静的处所和精心的孕育。没有思考的愿望,就不会有灵魂的渴求。爱默生说:"世人最艰巨的使命是什么?思考。"只有耐得住寂寞的人,在寂寞中观察、分析、思考,才能对问题有独特的见解,对生活有独特的领悟,从而激发自己的潜能,向更高的目标迈进,实现自己的价值。

微软公司前中国区总经理吴士宏女士便是个很好的例子。经过层层面试和筛选,吴士宏终于被录取了。她成了世界著名企业IBM公司的一名普通的员工。在IBM最早工作的日子里,她做的和接待员的事情差不多。每天沏茶倒水,打扫卫生,为自己能解决温饱而感到欣慰,但很快这种内心的平衡就被打破了。

有一次,她推着平板车买办公用品回来,因没有外企工作证件而被门卫拦在了大楼门口。进进出出的人们都向她投来了异样的目光。她内心充满了委屈和侮辱,但却无法宣泄。她暗自发誓:"这种日子不会久的,绝不允许别人把我拦在任何门之外。"

还有一件事又重创了她敏感的内心。有一个香港职员,资格很老,动不动就指使别人替她做事,吴士宏自然成了她指使的对象。一天,她当众侮辱吴士宏偷喝她的咖啡。吴士宏那次急了,浑身战栗,像头愤怒的狮子,把内心的压抑彻底爆发出来。事后她对自己说:"有朝一日我一定要有能力去管理公司里的任何人,无论是外国人还是中国人。"

鲁迅说过"不在沉默中爆发就在沉默中死亡"。吴士宏没有在沉默中死亡,她像推进器产生了强大的动力一样,每天早出晚归,拼命地学习和工作,最后终于成为第一个 IBM 华南区的总经理。

在 IBM 华南区工作期间,吴士宏面临的挑战是既要开拓这片新的市场领地,又要对她手下的所有员工负责。她开始从手下员工的身上看到了自己的成就和理想,那种狭隘的意识也逐渐被赶出脑海。后来她决定放弃这里"南天王"的职位去美国攻读 MBA 高级研修班,养精蓄锐准备向更高的目标出击。可就在她决定要走的时候,父母双双病危,为陪伴父母,她决定留下来,继续在 IBM 公司担任经理。这回她可不是做华南区的经理,而是 IBM 微软公司(中国)总经理。

吴士宏是个耐得住寂寞,并能守住寂寞的人。她的成就与她的个性是分不开的,她不是在寂寞中天马行空、胡思乱想,而是在寂寞中思考,激发潜能、努力奋斗、发愤图强。

寂寞是痛苦的。许多人面对寂寞会感到失落、颓废、甚至绝望。其实,寂寞始终伴随着每个人的一生,只是原因和性质、程度不同。现代社会有太多的诱惑或者叫机遇,部分人的成功会给更多的人带来失落感。在失落中产生的寂寞最容易造成致命的伤害。寂寞和浮躁往往是孪生兄弟。始于浮躁终于寂寞,难以寂寞转而浮躁,浮躁之后还是在失落中的寂寞。浮躁的人最容易感到寂寞,也最难以耐得住寂寞,而承受住了寂寞之苦的人,也并非不会再出现浮躁。

都说人生要战胜自己,实际上就是要克服浮躁、耐得住寂寞。耐得住寂寞不是要甘于寂寞,沉沦于颓废。人生没有一帆风顺,但是人在逆境时

高调做事低调做人

很难避免消沉和抱怨。而所谓的超人无非是在逆境中心态调整得快、角色和目标修正得及时。司马迁忍受宫刑之苦而修《史记》;陶渊明逍遥于桃花源中咏唱古今,这不过是摆脱寂寞的策略。

耐住寂寞,等待成功,并不是说让你整天发呆,消磨光阴,而是一个磨砺、充实自己的过程,这个过程是艰辛的,只有拥有坚强意志的人才能承受。等待是要有足够勇气的,即对理想全身心地投入,不屈不挠,甘愿付出宝贵的光阴。

成就决非一夕之功。你不会一步登天,但你可以逐渐达到目标。别嫌自己的步伐太小,无足轻重,耐住寂寞,尽心尽力,等待成功,你一定不会落空。

第二章
找对方法，才能抢先一步

仅仅知道做什么是不够的，因为人的命运取决于做事的结果，而结果取决于做事的方法。如果不掌握正确的做事方法，做的往往也是无用功。正确的方法并不意味着每一次都能成功，错误的方法也并不意味着每一次都失败，但只有正确的方法才能保证最终的成功。

01　激情改变命运

冒险是一切成功的开始,对于一个对什么都没有激情而安于现状的人来说,冒险是唯一可解救他的东西。

在所有伟大成就的取得过程中,激情是最具有活力的因素。改变人类生活的每一项发明、每一幅精美的书画、每一尊震撼人心的雕塑、每一首伟大的诗篇,无不是激情之人创造出来的奇迹。激情是对所热爱的工作产生出的火一般的热情。最好的劳动成果总是由头脑聪明并具有工作激情的人完成的。

英国人威廉·菲利浦是著名的罗曼白家族的创始人,他与理查德·福勒齐名。年轻时,威廉是一个牧羊人,生活虽然比较清苦,却稳定而平静。但是,威廉身上特有的敢闯荡的血性和他那颗永不安定的心时时提醒他:眼前的生活不是他的理想,激情与冒险才是人生的真谛。

威廉决定放弃目前的工作和生活,立志成为一名航海家去周游世界。他打算先从一名搏击风浪的海员做起。这个决定立刻招到了家人的强烈反对,他们认为稳定和平静是上帝的恩赐,违背神的意愿而去冒险,必将招致天谴。可是,威廉却下定决心,要挑战自我的命运,他要让上帝震惊。

为了实现自己的理想,威廉开始利用一切闲暇时间刻苦攻读,钻研技术,经过师傅的悉心指点和自己的孜孜不倦,他的技术日渐娴熟。后来在波士顿,他邂逅了一个有些家产的小寡妇并坠入爱河。成家后,威廉用自己的双手围起了一个小院子,开始造船,经过几个月的艰苦劳动,船终于下水了。

第二章 找对方法，才能抢先一步

一天，他正在街上闲逛时，无意中听说一只载有大量金银珠宝的西班牙船只在巴哈马失事了。这一消息极大地刺激了他的冒险精神，他立刻与一个可靠的伙计驾船前往巴哈马。他们发现了这只船，打捞了许多货物，但是钱物很少。尽管如此，这次经历大大增强了他干事业的胆量和信心，这才是他获得的真正财富。后来，有人告诉他，半个多世纪以前，有一只满载金银财宝的船在普拉塔这个地方遇难沉没，威廉当即决定打捞这些稀世珍宝。

在英国政府的帮助下，威廉率船安全抵达黑斯盘尼亚那海岸，开始了艰苦的搜寻工作。可是，几周过去了，除了打捞上来不少海藻、卵石和碎片外，他们一无所获。失望的情绪开始在海员中蔓延，他们低声抱怨威廉无聊又盲目。

终于，一些海员的怨恨越来越强烈，他们酝酿了一个可怕的阴谋，准

高调做事低调做人

备将这只船扣留,把威廉扔进海里喂鱼,然后在南海一带作海盗式巡游,随时袭击西班牙人。可是,这个计划被木工泄露了。

威廉立即集合了自己的亲信,用武器和勇气控制了局面,平定了叛乱。由于船只在这次叛乱中受损,威廉不得不暂时放弃打捞计划,将船开回英国修理。

回到英国后,威廉立即着手筹集资金,准备再次远航。可是因为政府正面临各种危机,已无暇顾及威廉的淘金计划。威廉没有办法,只好靠募捐来收集必需的钱财,这招致了很多人的嘲笑,他们称他是高级的要饭叫花子,但是威廉不予理睬,他软磨硬泡,终于有了启动资金。在长达4年的时间里,他不厌其烦地向有影响的大人物宣讲自己的伟大计划,劝说他们资助。后来他终于成功了,由20个股东组成的公司成立了。

有了充足的资金和丰富的经验,又一次冒险而充满激情的远航开始了。也许是威廉的精神感动了上帝,终于有了圆满的结果。

在安详、静谧的大海下,威廉打捞上来的珠宝价值30万英镑,这可不是一笔小数目。威廉带着这批珍宝起程回国,国王赏赐给威廉2万英镑,同时,为了嘉奖威廉勇敢的行为和诚信的品格,国王授予他爵士的光荣称号,并任命他为新英格兰郡郡长。

纵观威廉伟大而传奇的一生,正是激情改变了他的命运。如果没有这种激情和血性,威廉也许还是个牧羊人,生命对他来说,只不过是平淡无奇的虚耗。可以说,冒险是一切成功的前提。没有冒险者,就没有成功者。

美国著名作家艾默生说:"有史以来,没有任何一项伟大的事业不是因为激情和热忱成功的。"为了成为最好的你自己,最重要的是要发挥自己所有的潜力,追逐最感兴趣和最有激情的事情。

成功总是属于那些充满激情的人,即使在平凡的、每况愈下的、受挫的活着受管制的环境中,成功者总是充满激情,尽力把事情做到最好,并迸发出令人惊叹的意志、才能和潜力。

02　集中精力支配自己的时间

　　时间是最重要的资产,每一分每一秒逝去之后再也不会回头,问题是如何有效地利用你的时间。

　　俗话说:"一寸光阴一寸金",做一个善于管理时间的人,不仅你的事业充满了发展的机遇,而且,你的人生也充满快乐。同时,一个人的生命是有限的,能力、精神也是有限的,不可能将面对的每件事不分轻重、大小、缓急都统统做完,特别是一些无关紧要的、既耗精力又费时间的事情,如庸俗的应酬、没日没夜的打麻将等等。孟子说:"人有不为也,而后可以有为。"因此,一个人置身于纷繁复杂的世间万象中,就要排除其他干扰,专心致志地"有所为"。

　　善于经营的比尔·盖茨指出,为时间做预算、做规划,是管理时间的重要战略,是时间运筹的第一步。成功目标是管理时间的先导和根据。

　　每个人都有足够的时间做必须做的事情,至少是最重要的事情。在同样多的时间里,有的人却能够做更多的事情,他们不是有更多的时间,而是更善于利用时间。

　　瓦尔达特曾是美国近代诗人、小说家爱斯金的钢琴教师。有一天,他给爱斯金教课的时候,忽然问他:"你每天要花多少时间练习钢琴?"

　　爱斯金说:"大约每天三、四小时。"

　　"你每次练习,时间都很长吗?是不是有个把钟头的时间?"

　　"我想这样才好。"

37

高调做事低调做人

"不,不要这样!"瓦尔达特说,"你将来长大以后,每天不会有长时间的空闲的。你可以养成习惯,一有空闲就几分钟几分钟地练习。比如在你上学以前,或在午饭以后,或在工作的休息余闲,5分钟、5分钟地去练习。把小的练习时间分散在一天里面,如此一来弹钢琴就成了你日常生活中的一部分了。"

14岁的爱斯金对瓦尔达特的忠告未加注意,但后来回想起来真是至理名言,其后他得到了不可限量的益处。

当爱斯金在大学教书的时候,他想兼职从事创作。可是上课、看卷子、开会等事情把他白天和晚上的时间完全占满了。差不多有两个年头,他不曾动笔写下一个字,他的理由是"没有时间"。后来,他突然想起了瓦尔达特告诉他的话。到了下一个星期,他就按瓦尔达特的话实验起来。只要有5分钟左右的空闲时间,他就坐下来写作,哪怕100字或短短的几行。

出乎意料的是,在那个周末,爱斯金竟写出了相当多的稿子。后来,他用同样积少成多的方法创作长篇小说。他同时还练习钢琴,发现每天小小的间歇时间,足够他从事创作与弹琴两项工作。

利用时间,有一个诀窍:你把工作进行得迅速,如果只有5分钟的时间给你写作,你切不可把4分钟消磨在咬你的铅笔头上。思想上事前要有所准备,到工作时间来临的时候,立刻把心神集中在工作上。迅速集中脑力,根本不像一般人所想象的那么困难。

一个人的时间用在哪里,希望就在哪里,成就就在哪里。因为人生就是与时间竞争,每个人的时间都是有限的,如何用有限的时间成就伟大的事业呢?就在于人生的时间管理。也许有的人出生在富贵家庭,有的人出生在贫困山区,虽然我们不能选择自己的出生环境,但我们却完全可以通过有效的时间管理来改变自己的生活和命运。

你不可能完全按自己的意愿来安排时间,不会总有整段整段刚好满足你要求的时间等着你使用。工作、生活中往往会有很多零散的时间。有些人觉得几十分钟甚至一两个小时只是很短的时间,没什么关系,事实上,短有短的用法。把零散的时间用来从事零碎的工作,就能最大限度地提高工作效率,这将使你更容易地驾驭自己的时间,在成功的道路上比别人赢得更多的时间去做自己的事情。

03　把问题变为转机

问题越大,挑战也越大,解决问题时所能得到的满足就越大。

人的一生会不断地遇到各种各样的问题,不论是生活上的,还是工作上的,所有的问题都是你必须面对的,而你的态度将决定这些问题的结果

高调做事低调做人

和你自己的未来。如果以正确积极的态度面对它们,你就能把它们对你的不利影响降到最低,而你还会借助解决问题的机会获得人生的成长和事业的进步。如果你以消极的态度去面对和处理问题,问题对你的伤害就会增强扩大,甚至将你的精神和身体彻底摧毁。

布朗的生活充满挫折,但他把自己面临的所有问题看成是成功的转机。布朗在公司当兼职雇员,干得不错。后来妻子同他一起从事这一项工作,他们自己开起了公司。

然而不幸降临,儿子染上重病,家里房子起火,公司经营不善,妻子、同事纷纷退职,情况越来越糟。

正在这祸不单行之时,布朗的母亲又突然生病。他感觉那段日子是他人生中的灾难。但他没有灰心,他认为这是他生活的转折点,是他决定驾驭自己的生活并取得成功的时候。布朗和妻子商量,布朗继续做生意,妻子则出去工作。在沉重的生活压力下,他们又开始了工作。一点一点、一天一天,一次还一点债,他们终于熬过来了。

是什么力量促使布朗重新振作起来?是思考的力量,是不甘心失败的决心,是不找借口开脱的决定。他发现自己有成为成功者的能力,但当时社会的每一个标准都表明他是彻底的失败者的他有了动力而且坚持到最后,并取得成功。

一个真正拥有正确态度的人,即使在最恶劣的情况下也能坚持积极的思考方式,努力地改变现状,争取最好的结果。

问题越大,挑战也就越大,解决问题时所能得到的满足就越大。

一位正确的思考者愿意接受问题,就像欢迎一个带来更大满足的良机。下次你碰到一个大问题的时候,注意自己的反应。如果有自信,就会感觉很好,因为你又有一个机会来测验自己的思考能力;如果觉得不安,切记,你和其他人一样,都能发挥思考能力解决问题。遭遇任何问题,都是激发创造能力的大好机会。

04　思路决定出路

有什么样的思路,就会有什么样的出路,好思路才有好出路,好出路才会比别人成功快一步。

思路决定出路,观念决定贫富。思路对,就会柳暗花明;思路错,就会山重水复。要想改变人生,必须打破陈旧思路,引发更新、更有价值的观念,从而突破现实的阻碍,扭转人生的平凡机遇,开辟新的奋斗方向,获得人生价值的提高。

两个乡下人外出打工,一个去上海,一个去北京,可是在候车厅等车时,都改变了主意。因为邻座的人议论说,上海人精明,外地人问路都收费;北京人质朴,见吃不上饭的人,不仅给馒头还送衣服。

去上海的人想:还是北京好,挣不到钱也饿不死,幸亏车还没走,不然真掉进了火坑!

去北京的人想:还是上海好,给人带路都能挣钱,还有什么不能挣钱的?幸亏还没上车,不然真失去了更好的致富机会!

高调做事低调做人

他们在退票处相遇了，原来要去北京的拿到了去上海的票，原来要去上海的拿到了去北京的票。

去北京的人发现，北京果然好。他初到北京的一个月，什么都没干，竟然没有饿着，不仅银行大厅里的矿泉水可以免费喝，而且大商场里欢迎品尝的点心也可以白吃。

去上海的人发现，上海果然是一个可以发财的城市。干什么都可以赚钱，带路可以赚钱，开厕所可以赚钱，弄盆冷水让人洗脸也可以赚钱。只要想想办法，再花点力气，就可以赚钱。凭着乡下人对泥土的感情和认识，他在建筑工地装了十包含有沙子和树叶的土，以"花盆土"的名义，向不见泥土而又爱花的上海人兜售。当天他在城市之间往返六次，净赚了50元钱。一年后，凭"花盆土"，他竟然在大上海拥有了一间小小的门面。

在长年的走街串巷中，他又有了一个新发现：一些商店楼面亮丽而招牌较黑。一打听才知是清洁公司只负责洗楼面而不负责洗招牌的结果。他立即抓住这一机遇，买了一些人字梯、水桶和抹布，办起了一个小型的清洁公司，专门负责擦洗招牌。如今他的公司已有150多个员工，业务由上海发展到杭州和南京。

有一次，他坐火车去北京考察清洗市场。在北京站，一个捡破烂的人把头伸进软卧车厢，向他要一只啤酒瓶。就在递瓶时，两人都愣住了——五年前，他们曾经换过一次票。

一位哲人说过："人的思想是万物之因。播种一种观念就收获一种行为，播种一种行为就收获一种习惯，播种一种习惯就收获一种性格，播种一种性格就收获一种命运。"

观念是任何事物的开端，你的观念决定你成为什么样的人，你是什么样的人决定你要做什么，你做什么就会决定你的命运，你的命运将决定你的一生。

成功者与一般人最大的区别在于观念的不同。有一片长满野草的土地,要人们去除草。第一个人用的是放火烧的办法,地面上的野草很快就灰飞烟灭,看起来很干净了,但是野火烧不尽,春风吹又生,不久地下的草根又萌发出新的小草来;第二个人用锄头去除草,把土地深翻了一遍,甚至还在地里撒上石灰,让草根彻底腐烂,但过了不久,风儿又从别处吹来草种,地里还是长出新的小草;第三个人很聪明,他除掉了小草,又在地里撒下了庄稼的种子。不久,田地里长出了绿油油的禾苗,就再也看不到野草了。

要彻底改变自己的观念,那就要先给自己一个崭新的观念,当然应该是一个积极的、健康的、先进的观念。观念决定命运,改变观念才能改变命运,改变今天才能改变明天,改变现在才能改变未来。

二战期间,美国有一家规模不大的汽车修理厂,在战争中生意萧条,工厂主约翰看到战时百业凋敝,只有军火是个热门,而自己却与它无缘。于是,他把目光转向未来市场,他告诉儿子,修理厂需要转产改行。

儿子问他:"改成什么?"

约翰说:"改成生产残疾人用的小轮椅。"

儿子当时大惑不解,不过还是遵照父亲的意思办了。经过一番设备改造后,一批批小轮椅面世了。随着战争的结束,许多在战争中受伤致残的士兵和平民,纷纷购买小轮椅。约翰工厂的订货者盈门,该产品不但在本国畅销,连国外也有人前来购买。

约翰的儿子看到工厂生产规模不断扩大,财源滚滚,在满心欢喜之余,不禁又向其父请教:"战争即将结束,小轮椅如果继续大量生产,需要量可能已经不多。未来的几十年里,市场又会有什么需要呢?"

老约翰成竹在胸,反问儿子:"战争结束了,人们的想法是什么呢?"

"人们对战争已经厌恶透了,希望战后能过上安定美好的生活。"

约翰进一步指点儿子:"那么,美好的生活靠什么呢?要靠健康的身

高调做事低调做人

体。将来人们会把身体健康作为重要的追求目标。所以,我们要为生产健身器做好准备。"

于是,生产小轮椅的机械流水线,经过改造开始生产健身器。最初几年,销售情况并不太好。这时老约翰已经去世,但是他的儿子坚信父亲的超前思维,仍然继续生产健身器。结果就在战后十多年,健身器开始走俏,不久成为热门货。当时,约翰健身器在美国只此一家,独领风骚。老约翰之子根据市场需求,不断增加产品的品种和产量,扩大企业规模,终于进入亿万富翁的行列。

思路决定出路。你能想到别人想不到的,做到别人做不到的,就能获得别人得不到的回报,包括利润、高薪、职务、地位、幸福等。

"任何成功最初就是一个思路,任何失败最初也是一个思路。"在逆境和困境中,有思路就有出路;在顺境和坦途中,有思路才有更大的发展。

05　心动,更要行动

任何一个伟大的计划,如果不去行动,就像只有设计图纸而没有盖起来的房子一样,只能是一个空中楼阁。

要取得成功,不光靠智慧,还要靠行动。如果自己光凭脑子想,永远不付诸行动,那么永远也不会成功。

从前,四川境内有两个和尚,一个很贫穷,一个很富有。

有一天,穷和尚对富和尚说:"我打算去一趟南海,你觉得怎么样呢?"

富和尚不敢相信自己的耳朵,认真地打量一番穷和尚,禁不住大笑起来。

第二章 找对方法,才能抢先一步

穷和尚莫名其妙地问:"怎么了?"

富和尚问:"我没有听错吧!你也想去南海?可是,你凭借什么东西去南海啊?"

穷和尚说:"一个水瓶、一个饭钵就足够了。"

富和尚大笑,说:"去南海来回好几千里路,路上的艰难险阻多得很,可不是闹着玩的。我几年前就准备去南海的,等我准备充足了粮食、医药、用具,再买上一条大船,找几个水手和保镖,才可以去南海。你就凭一个水瓶、一个饭钵怎么可能去南海呢?还是算了吧,别白日做梦了。"

穷和尚不再与富和尚争执,第二天就只身踏上了去南海的路。他遇到有水的地方就盛上一瓶水,遇到有人家的地方就去化斋,一路上尝尽了各种艰难困苦,很多次,他都被饿晕、冻僵。但是,他从来也没想到过放弃,始终向着南海前进。

高调做事低调做人

很快,一年过去了,穷和尚终于到达了梦想的圣地:南海。两年后,穷和尚从南海归来,还是带着一个水瓶、一个饭钵。穷和尚由于在南海学习了许多知识,回到寺庙后成为一个德高望重的和尚,而那个富和尚还在为去南海做着各种准备工作。

现实是此岸,理想是彼岸,中间隔着湍急的河流,行动则是架在河上的桥梁。只有行动才会出现结果,行动创造了成功。任何一个伟大的计划和目标,都要靠行动来实现。

有句话说得好:"一百次心动不如一次行动!"行动是一个敢于改变自我、拯救自我的标志,是一个人能力有多大的证明。美国著名成功学大师杰弗逊说:"一次行动足以显示一个人的弱点和优点是什么,能够及时提醒此人找到人生的突破口。"那些成大事者都是勤于行动和巧妙行动的大师。在人生的道路上,我们需要用行动来证明和兑现曾经心动过的梦想。

在任何一个领域里,不努力去行动的人就不会获得成功。就连凶猛的老虎要想捕捉一只弱小的兔子,也必须全力以赴地去行动。

"说一尺不如行一寸。"任何希望与计划最终必然要落实到行动上。只有行动才能缩短你与目标之间的距离,只有行动才能把理想变为现实。做好每件事,既要心动,更要行动,只会感动羡慕,不去流汗行动,成功就是一句空话。

世界著名的大提琴手巴布罗·卡沙斯在取得举世公认的艺术家头衔之后,依然每天坚持练琴6小时,养成了"行动再行动"的良好习惯。有人问他为什么还要练琴,他的回答很简单:"我觉得我仍在进步。"一个成功者想继续成功就得这么去做,因为世上的事物没有绝对的成功,只有不断的努力,才能有不断的进步。

奥格·曼狄诺是美国一位成功的作家,他常常告诫自己:"我要采取行动,我要采取行动……从今以后,我要一遍又一遍,每一小时、每一天都要重复这句话,一直等到这句话成为像我的呼吸习惯一样,而跟在它后面的行动,要像我眨眼睛那种本能一样。有了这句话,我就能够实现我成功的每一个行动,有了这句话,我就能够制约我的精神,迎接失败者躲避的每一次挑战。"

心动的想法是走向成功的试金石,有想法才能够成大业,只有行动才能将心动的想法转变为现实。多行动,大量的行动。行动才是成功的关键!人生的伟业不在于能知,而在于能行!

06 在合作中获得双赢

善于合作就能双赢,就能成功。个人的力量总是有限的,与人联合则可以壮大自己。

孤军奋战、单枪匹马闯天下的英雄岁月随着时间的远去而烟消云散,社会正处在提速时代,决定生存的关键离不开相互合作。在成功的征途上,与其专注于个人的问题与挑战,不如与人协作、合作思考,发挥集体智慧。毕竟,聚到一起是个开始,在一起相处是个进步,在一起思考则是成功。

汤姆逊是一位演员,刚刚在电视上崭露头角。他英俊潇洒,很有天赋,演技也很好,开始扮演小配角,逐渐成为主要角色演员。从职业上看,此时他最需要有人为他包装和宣传以扩大名声。因此他需要有一个公共关系公司为他在各种报纸杂志上刊登他的照片和有关他的文章,增加他的知名度。

不过,要建立这样的公司,汤姆逊拿不出那么多钱来。偶然一次机会,他遇上了爱莎。爱莎曾经在一家最大的公共关系公司工作了多年,不

高调做事低调做人

仅熟悉业务,而且有较好的人缘。几个月前,她自己开办了一家公关公司,并希望最终能够打入公共娱乐领域。到目前为止,一些比较出名的演员、歌星、夜总会的表演者又都不愿同她合作,她的生意主要还只是靠一

些小买卖和零售商店。当汤姆逊把他的想法告诉爱莎后,他们一拍即合,联合干了起来。

　　汤姆逊成了爱莎的代理人,而她则为他提供出头露面所需要的经费。他们的合作达到了最佳境界,汤姆逊是一名英俊的演员,并正在时下的电视剧中出现,爱莎便让一些较有影响的报纸和杂志把眼睛盯在他身上。这样一来,她自己也变得出名了,并很快为一些有名望的人提供了社交娱乐服务,他们付给她很高的报酬。而汤姆逊不仅不必为自己的知名度花大笔的钱,而且随着名声的增长,也使自己在业务活动中处于一种更有利的地位。

通过爱莎和汤姆逊的相互协作,我们可以看到这样一种格局:汤姆逊需要求助于爱莎,获得为自己做宣传的开支;爱莎为了在她的业务中吸引名人,需要汤姆逊做自己的代理人。因此他们合作,弥补了个人能力的缺陷,完成了一个人无法完成的事业。

中国有句俗话说:孤掌难鸣。本意是指靠匹夫之勇,很难成就大事。个体力量与群体力量相比总是很小的、很有限的。如果在自力更生的基础上,有选择的借助外界的力量,形成合力,为我所用,那么竞争实力就会倍增。

有一句名言:"帮助别人往上爬的人,自己会爬得更高。"如果你帮助一个孩子上了果树,你也会得到你想尝到的果实。你越是善于帮助别人,你能尝到的果实就越多。

07　对未来有所预见

人一定要有崇高的目标,并为实现目标谨慎建设,尽力执行。

思想对人的限制往往是非常隐蔽的,它不像其他限制那么明显,一般不会轻易被人察觉到;思想对人的限制也不像其他限制那样主要体现在扼杀人的创造力上,而是体现在限制人的视线上。所以,要摆脱思想对你的限制,那么就要学着把你的视线放在远处,不要老是盯着自己的脚尖,要知道抬起头,你才可以拥有更广阔的一片天。

汤姆在一家大型的工业制造公司的信息部工作,只要有新的电子产品问世,公司都会对信息部一些陈旧的设备进行更新。

汤姆有机会接触这些新兴的事物,当公司配置了计算机后,汤姆就对计算机产生了浓厚的兴趣,只要完成了自己的工作,他会把大部分的时间

高调做事低调做人

花在计算机上,学习计算机有关的知识,后来,汤姆也能轻松解决计算机出现的故障了。

汤姆还开始关注有关计算机的信息,他发现计算机的发展必然会带来一场信息的革命,汤姆本来就是电子专业毕业,所以学习起来很快。

两年后,汤姆辞去看起来很不错的一份工作,应聘到了一家做计算机硬件的公司。汤姆为了了解整个行业的发展,主动申请从技术转到了市场。汤姆在计算机公司干了一年半,对整个发展趋势也有了明确的认识,他知道整个产品是供不应求,于是筹集了一笔资金开始代理某品牌的服务器。汤姆根本没有花多大的力气,很快就打开了市场,站住了脚。计算机产业发展真是太快了,汤姆也觉得有些不可思议,随着家用计算机时代的来临,他又抓住了这一宝贵的时机,大力推广家用计算机。

汤姆成功了,他获得了大量的财富。正如汤姆自己所说:"我很幸运地比别人早一步预见了行业的发展趋势,把握了良好的开始,否则,现在才进入这个行业,一定会被碰得头破血流。"

有人说,一个成功的商人,除了他的聪明才干,更重要的是他发现了别人没有发现的。因为我们也常听人这样说:商机对于商人来说就是生命。一个商人无论多么聪明,如果把握不了商机,仍然是个失败者。

炎热的夏天,一群人在铁路的路基上工作,这时,一列缓缓开来的火

车打断了他们的工作。火车停了下来,最后一节特制车厢的窗户被人打开了,一个低沉的、友好的声音响了起来:"大卫,是你吗?"大卫·安德森——这群人的负责人回答说:"是我,吉姆,见到你真高兴。"于是,大卫·安德森和吉姆·墨菲——铁路的总裁——进行了愉快的交谈。在长达一个多小时的愉快交谈之后,两人热情地握手道别。

大卫·安德森的下属立刻包围了他,他们对于他是铁路总裁墨菲的朋友感到非常惊讶。大卫解释说,20多年以前他和吉姆·墨菲是在同一天开始为这条铁路工作的。

其中一个人半认真半开玩笑地问大卫,为什么你现在仍在烈日下工作,而吉姆·墨菲却成了总裁。大卫苦闷地说:"23年前我为1小时1.75美元的薪水而工作,而吉姆·墨菲却是为这条铁路而工作。"

如果说封闭式思维让你看到的是树,那么,发散思维让人看到的就是森林。如果你有一双发散的眼睛,那么你就能把表面上看起来不相关的事物联系起来,并且能够让人以一种全新的角度审视过去和预见未来。

如果你只为薪水而工作,只能得到一笔很少的收入;如果你是为了你所在公司的前途而工作,那么你不仅能够得到可观的收入,而且还会得到自我满足和自我价值的体现。你对公司做的贡献越大,你个人所得到的回报就会越多。

要想成功就必须把眼光放远。成功和失败不是一夜造成的,而是一步一步积累的结果。决定给自己制定更高的追求目标、决定掌握自我而不受制于环境、决定把眼光放远、决定采取何种行动、决定继续坚持下去,这种种决定做得好,你便会成功,做得不好你便会失败。因此,把你的眼光放远大些,没有哪个人是因为短视而成功的。

08　掌握审时度势的艺术

只有"着重于机会,而不着重于困难"的人,才能最大限度地利用机会,取得最大的成功。

在人的一生中,果断坚定,把握机会,就可能品尝成功的快乐,否则就会留下永远的遗憾。其实,机会可能对于许多人来说都能看得到,但由于每个人的态度不相同,有的人抓住了,有的人却轻易放弃了。许多人虽然一生奔波不息、一身疲惫、一腔辛酸,由于没有把握住机遇,到头来却两手空空,一事无成,回首往事感慨连连,然而机会逝去了就再不会回来。把握机遇的关键是行动,这是有目共睹的真理。

美国学者阿瑟·戈森曾问著名演员查尔斯·科伯恩:"一个人如果要在生活中获得成功,需要的是什么?大脑?精力?还是教育?"

查尔斯摇摇头,说:"这些东西都可以帮助你成功。但是我觉得有一件事甚至更为重要,那就是:看准时机。"他解释说,演员在舞台上,是行动,或者按兵不动;是说话,或者缄默不语,都要看准时机。"在舞台上,每个演员都知道,把握时机是最重要的。我相信在生活中它是个关键。如果你掌握了审时度势的艺术,在你的婚姻、你的工作以及你与他人的关系上,就不必去追求幸福和成功,它们会自动找上门来的!"

这位老演员的话是人生的经验之谈。看准时机,学会审时度势,的确是成功的关键。20世纪70年代初,美国加州技术学院的亚里夫教授,就预见到"把微激光器和晶体管做在一块基片上来调节、稳定和放大光脉冲"的新技术,将取代硅半导体技术乃至微激光技术。但当时却没有几个人能认识到这个问题,亚里夫教授只好一个人孤军奋战8年,终于研制成了世界上第一块激光晶体管集成电路。然而当时的美国工业界却仍然没有人识货,而日本一位在加州技术学院攻读博士学位的光电技术研究项目专家看准这个天赐良机,大力促使日本在这方面投资,把这项创造性的成果很快转化为工业产品,并戏剧性地转为向美国出口,以至比美国工业界领先5年。阿瑟·戈森曾一针见血地指出:"有多少生活中的不幸和坏运气,只不过是没有看准时机!"

机会往往是转瞬即逝的,当机遇出现时,能否捕捉到,就因人而异了。同样一条信息,同样一个机会,有些人视而不见,充耳不闻,甚至让机遇在眼前溜过去。有些人则在机遇面前独具慧眼,当机遇一旦出现就能敏锐地察觉,抓住不放,迅速做出决策,取得巨大效益。

掌握好审时度势的艺术,最基本的方面是要看准事物将会向何处发展。大多数将要发生的事都是由现在正在发生的事所决定的,紧紧抓住现在这个好时机,采取行动,就会减少将来的麻烦,或在将来能得到好处。

美国第28任总统威尔逊曾说:"认为只有在时机到来时,才能做出正确选择的人,在领导同代人的事业中是不会取得成就的。"

在春秋战国时期,毛遂在平原君的门下三年,一直没有被人重视,当平原君急需人才的时候,毛遂把握住这次机会,勇于自荐。在与平原君交谈时,他表现出杰出的才能,受到了平原君的赏识,终成为一名大将。毛遂的自荐,正是自我把握机会,付诸行动的成功经典故事。

中国有句古话:"先到为君,后到为臣。""莫道君行早,更有早行人。"争权夺利的政治逐鹿是这样,生意场上发财的商人也是这样。先下手为强,当断不断,反受其乱。许多没有本钱的人都和你一样,站在同一个谋求财富的起跑点上。谁的动作最快,谁最先占领制高点,那么,谁拥有财富的可能性就更大。

掌握先机,就是赢家,机会掌握在"先知先觉"的人手上!

人生旅途有许多转折,谁能掌握先机,谁就是赢家。

高调做事低调做人

成功者总是具备一种特质——他们总能掌握先机。成功者不等幸运来敲门,他们能抓准时机,他们比周围的人更能掌握机会,他们总能成功。

在日常工作中,要有争先抢先的思想,要敢为天下先,在关键时刻,更不能轻易让步,否则,不仅会错失机遇,还可能就此葬送自己的前途,眼睁睁看着别人胜你一筹。

09　努力争取自己想要的生活

幸运可能会使人产生勇气,反过来勇气也会帮助你得到好运。

欧·威廉·巴塔利亚是一位负责物色人才的人,他以向人们提供待遇好的工作的形式给人们带来运气。他曾经分析了把他引到那些获胜的工作候选人身边的一连串的环节和机会,其中大部分环节竟然都是通过交往关系。

巴塔利亚说:"走运的人,都是爱好交际的。他们总是主动结交朋友,他们爱和陌生人交谈,他们爱参加各种组织、热心聚会,喜欢和人打招呼。如果在飞机上坐在别人旁边,他们总是先开始谈话。他们不光认识卖给他们早报的人的面孔,而且还知道他的尊姓大名,知道他有几个孩子,以及他上哪儿度假去了。"

宾夕法尼亚的精神病学家斯蒂芬·巴雷特博士发现,走运的人不仅确实具有与人结交的窍门,而且他们自身也具有某种吸引力,成为其他人愿意亲近的目标。巴雷特把这种特点叫做"交流场"。他相信人的面部表情、体态、声调、用词以及用眼的方式形成了一种别人清楚可见的交流场。

"我们通常凭本能就会知道某些人是否喜欢我们,"他说,"我们遇到一个完全陌生的人,而且在几秒钟之内就会知道他或她是否愿意和我们待在一起。走运的人总是传递出吸引和鼓励人的信号。"

你的结交网越大,就会发现某种走运机会的可能性就会越多。演员柯克·道格拉斯撞上的第一个大运就是通过他早期的一个熟人——那时还是不出名的女演员劳·巴卡尔,她只是好交际的年轻的道格拉斯所结交的许多朋友之一。但是,正由于他交了许多的朋友,才出现一个对他大有帮助的巴卡尔的机会。

旅馆经理康拉德·希尔顿应当把他的巨大成功部分地归功于一种灵活地调谐自己的敏锐预感的技能。有一次,他打算买一所芝加哥的老旅店,拍卖人决定卖给出价最高的投标人,而投标的数额将在指定的一天公布于众。就在到达这一期限的前几天,希尔顿提出了一份价值 16.5 万美

高调做事低调做人

元的投标。那天晚上,他睡觉时模糊地感到一种内心的烦乱,醒来时强烈地预感到他的投标将不会获胜。"这仅仅是感觉不妙。"他后来说。由于服从了这一奇怪的直觉,他又提交了另一份投标数额——18万美元。这是最高的投标,比他少一点的第二号投标额是17.98万美元。

希尔顿的预感本来就是涌上心头的、原来储存在他心灵深处的那些事实。自从他年轻时在得克萨斯州买下了第一所旅馆,他一直在收集关于这一行业的知识。不仅如此,在对芝加哥旅馆的投标中,毫无疑问他知道很多竞争投标人的情况——仅仅是知道,但并没有能专门地把它们清楚明晰地联系起来。当他有意识地在大脑集合了已知的材料并且提出一个投标额时,他的潜意识正在一间巨大而隐秘的仓库里翻找着其他有关信息,并且推论出那个投标额:太低了。他相信了这个预感,它竟是这样令人吃惊的准确。

一位成功的预言家、已经退休的证券经纪人说:"我问我自己,我在没有意识到的情况下已经收集了有关这一问题的材料,这点是否可信呢?对于这一问题我是否已经发现了我所能够发现的所有情况,做了我所能做的一切?如果回答是肯定的,而且预感是强烈的,那么我就打算照这样办。这里要提出两个警告:

"第一,千万不要相信诸如买彩票和赌博这类事情上的预感,这样的预感绝不可能是出自于隐藏在你内心深处的材料库,因为它没有事实可依。"

"第二,千万不要把预感和希望混为一谈。许多拙劣的预感只不过是经过伪装的强烈的愿望而已。"

走运的人一般都是大胆的。幸运可能会使人产生勇气,反过来勇气也会帮助你得到好运。要大胆行动须准备走曲折的路。当好的机会出现在你的面前时,要敢于扭转航向。但如果你把一生的储蓄孤注一掷,采取一项引人注目的冒险行动,在这种冒险中你有可能失去所有的东西,这就是鲁莽轻率的举动;如果尽管你因为要踏入一个未知世界而感到恐慌,然而还是接受了一项令人兴奋的新的工作机会,这就是大胆。

J.保罗.格蒂是石油界的亿万富翁、一位最走运的人,在早期,他走的是一条曲折的路。他上学的时候认为自己应该当一位作家,后来又决定要从事外交部门的工作。可是,出了校门之后,他发现自己被俄克拉荷马州迅猛发展的石油业所吸引,那时他的父亲也是在这方面发财致富的。搞石油业虽然偏离了他的主攻方向,但是他觉得,他不得不把自己的外交生涯延缓一年。作为一名开发油井的人,他想试试自己的运气。

格蒂通过在其他开井人的钻塔周围工作筹集了钱,有时也偶然从父亲那里借些钱(他的父亲严守禁止溺爱儿子的原则,他可以借给儿子钱,但是送给他的则只是价值不大的现金礼物)。年轻的格蒂是有勇气的,但不是鲁莽的。在1916年,他碰上了第一口高产油井,这个油井为他打下了幸运的基础,那时他才23岁。

格蒂怎么会知道这口井会产油呢?他确实不知道,尽管他已经收集了他所能得到的所有资料。"总是存在着一种机会的成分的,"他说,"你必须乐意接受这种成分。如果你一定要求有肯定的答案,那你就会捆住自己的手脚。"

比尔·巴塔利亚讲过这样一个故事:一位年轻的化学师离开了一家小的采矿公司,去接受靠近纽约城的一个大公司提供的工资较高的工作。他的妻子认为他犯了个错误,因为在都市化的环境中他肯定是不适应的。他的过去的老板也担心这位年轻人能否适应那里的生活。他说:"什么时候你愿意回来,跟我说一声就是了。"

几个月之后,化学师就明白了他的妻子和前任老板是对的,他不喜欢大城市的生活。不仅如此,他的工作和前景都与签约承诺的大相径庭。这本来可以是他制止进一步损失的时候,可是这位化学师总是希望坏的开端会引出好的结局。到他认识到他的困境绝不是一时半会儿的时候,已经晚了。

　　承认"我错了"是很难的,难就难在它要你放弃自己已投入的时间、爱、金钱、努力或者是信条,正像一位杰出的证券经纪人所写的:"知道什么时候该彻底脱手并且有勇气这么办,这是生活成功的一个基本技巧。"

　　一位瑞士银行家、白手起家的百万富翁曾经做过这样的概括:"如果你在和你的劲敌拔河的时候输掉了,在他抓住你的胳膊之前赶快把绳子扔给他,你总还可以买一条新绳子。"

　　大多数走运的人都养成从最坏的结果考虑问题的习惯,谨防受到意外之灾的袭击,天天坚持这个原则,严格地按此办事。J.保罗.格蒂说:"当我在进行任何交易的时候,我主要的想法在于,如果事情出了问题,我怎样才能补救自己。"

　　当然,"凡事做最坏的打算"容易形成悲观倾向,遇事产生失望和痛苦的可能性也因之增大。但从不做最坏打算,盲目乐观,失败的风险也会增大。建议"凡事乐观而冷静",不以物喜,不以己悲,"做最好的打算,尽最大的努力,争取最好的结果",保持阳光心态,从容面对成功和失败。

　　幸运的人与那些不走运的人显著的差别在于,他们知道生活永远不会完全在自己的控制之下,如果你固守着自己有这种支配能力的错觉不放,你就会建立对于厄运的防御系统。当厄运真正来临时,你就会陷于极度的混乱,束手无策。

10　因正确的意见而改变

　　我将愉快地改变自己,因为我寻求真理,而任何人都不会受到真理的伤害。

第二章 找对方法,才能抢先一步

世界上没有一成不变的事物,连整个宇宙都在时刻不停地变化着,何况人类呢?改变不一定是坏事,许多时候我们都需要通过改变自己的思维来对世间万物有一个新的认识。时间总会抹平一切伤痕,该过去的总会过去,该来的始终会来。我们需要用一颗平常的心来看待这个变化的世界。

有位将军领兵作战20余年从未有过败绩,他熟读《孙子兵法》和《六韬》,并且对历代阵法也颇有研究,打起仗来更是英勇无比,是一个不可多得的勇将,他的赫赫战功总是令敌军闻风丧胆。因此,他很受皇帝的器重,掌握着全国的兵权,成为"一人之下,万人之上"的重要人物。

这位将军手下有个谋士,此人足智多谋,从将军带兵打仗时,便跟随他左右,为他出谋划策。将军和这位谋士亲如兄弟,不分彼此。

有一天,将军接到圣旨,说邻国敌军带兵来犯边境,命令将军立刻带兵迎敌。

将军接旨后不敢怠慢,立即点齐兵马准备出发,谋士自然跟随前往。

两军对垒,将军连胜数阵,把来犯的敌军打得落花流水,抱头鼠窜。皇帝闻知这个消息后,特意派人送来千两黄金以示嘉奖。

将军高兴得嘴都合不拢了,拉着谋士说今晚要一醉方休!但出乎将军意料的是,谋士并没有显现出高兴的神情,却是一脸的愁容。

谋士沉思了片刻,对将军说:"你不觉得这场仗打得很蹊跷吗?原来我们和敌军交战时,有过这样轻松取胜的记录吗?从来没有过。敌军既然来犯,势必来势汹汹。可是,我感觉他们好像全都无心恋战似的,这很不正常。我认为,今夜他们一定会来偷营劫寨,我们还是小心些好呀。"

将军心里甚是不快,但是碍于谋士一直为自己出谋划策的份儿上,没有反对。晚上让人轮流值班,不可懈怠。一个漫长的不眠之夜就这样在平安中度过了,什么事都没有发生,将军的脸色由红变白,又由白变灰,最后铁青着脸看着谋士,一句话都没说。

高调做事低调做人

　　当夜,将军又提议饮酒,谋士依然把他拦住,诚心诚意地对将军说:"古语云'兵不厌诈',我们还是小心些好,不如我们轮班站岗,这样将士们可以保证充足的睡眠,还能防患于未然。"

　　这回将军没好气地说:"你真是过于多虑了,你要是想守夜,自己守去吧。"说完,将军就命令备上酒席,全体将士晚上来个一醉方休!

　　谋士还想再劝,将军挥了挥手,让他退下去了。谋士摇摇头,带着为数不多的几个士兵去看守营寨。

　　半夜时分,敌军果然来了,以迅雷不及掩耳之势夺取了将军的大营,大部分将士还在沉醉中便丧失了性命,谋士终因寡不敌众而战死。

　　将军抚着谋士的尸体悔恨交加,最后拔剑自刎了。

　　不能接受别人正确意见的人,就只能是这样悲惨的下场。固执的人没有一点好处,他们不想接受别人正确的意见,就如同自己在惩罚自己。

第二章　找对方法，才能抢先一步

很久以前，人类都是赤脚行走的。一位国王去偏远的乡间旅游，路上有很多碎石头，把他的脚硌疼了。回到皇宫后，国王下令将国内所有道路都铺上一层牛皮。这样，不仅自己不再受苦，全国老百姓也都可以免受刺痛之苦了。

但是，哪里有那么多的牛皮呢？就算把全国所有的牛都杀了，也筹措不到足够的牛皮呀！就在大家为此愁眉不展时，一个大臣大胆地向国王谏言说："陛下，为何要劳师动众呢？如果只用两小片牛皮包住您的脚，这样以后走到哪儿，不是一样可以免受刺痛之苦了吗？"国王也认为有道理，便采用了这位大臣的建议。

国王只是一个小小的思想转变，就免去了全国人民的无限痛苦，可见改变不但不是一件坏事，还是一件大好事。在造福全国人民的同时，自己也免受了刺痛之苦，这样的改变何乐而不为呢？其实大部分的改变都会产生双赢的局面，因为改变都是需要推动力的，没有无原因的改变。

"我将愉快地改变自己，因为我寻求真理，而任何人都不会受到真理的伤害。"接受他人正确的意见是一个愉快而不会受到伤害的过程。努力做一个谦虚的人，要经常听听别人的意见，这会对我们为人处世很有帮助，毕竟一个人的眼光是有限的。

第三章
成败之间有取舍

人们常说:"失败乃成功之母,而成功乃失败之父。"也就是说,所有的失败都带着成功的种子,所有的成功也带着失败的种子。因此,当你成功时,要警觉不好的事情还是可能随时到来;当你失败时,也不要因为不顺心而灰心丧气,失去斗志,因为成功的种子正埋在失败的"土地"中等待萌芽的良机。

高调做事低调做人

01　把困难当做机会

　　失败者总想找快捷方式，但赢家以达成目标为信念，卷起袖子来努力迎接挑战。

　　古今中外，几乎所有成功者都是从困难中崛起的，没有任何人可以不经历任何困难而获得成功。然而，困难并不是对每个人来说都是机遇，只有态度积极的人才能从中获益，并将它转化为拓展自身的机遇。而对那些态度消极的人来说，困难是他们走向成功的最大障碍和阻力。

　　一个农夫问一个航海选手，为什么会选择这样的职业。航海选手回答说："我喜欢大海，我更喜欢冒险。"

　　农夫又问："你的父亲怎么死的。"

　　"遭遇海浪，死在了大海。"航海选手说。

　　"你的爷爷怎么死的。"

　　"还是死在了海上。"

　　"那你为什么还选择大海？"

　　航海选手于是问农夫："你的父亲死在哪里？"

　　"安静的躺在床上离开了人世。"

　　"你的爷爷呢？"

　　"还是在床上升上了天堂。"农夫回答。

　　"是不是因为这样你就讨厌床呢？"航海选手说道。

　　逃避困难只会使一个人更加无能、堕落、断绝发展之路，态度消极的人往往会这样做。困难只是暂时的，是可以战胜的，只有态度消极的人才会成为真正的困难俘虏。除非他们能意识到这一点，能发现消极态度给自己带来的无限危害,主动地改正和调整自己的态度,否则他们就很难有所成就。英国伟大的戏剧家萧伯纳说:"我相信我的生命属于全人类,去做任何我能做的事是我的特权,我工作得越辛苦,活得越有劲。我为生命本身欢呼。生命对我而言不是一根短短的蜡烛,它是一个壮观的火炬,我可以把持一会儿,我要在交给下一代之前,让它大放光明。"

成功者都有强烈的欲望要把事情做好,他们认为取得成就是非常重要的,并且拼命去争取。他们不管自身的潜力大小,总是充分加以发挥,用尽他们的全部力量。即使去做很小的事情,他们也会集中精力,做到尽善尽美。

一枚硬币总是会有两面的,也就是说,任何问题都有好的一面与坏的一面。某些事情对你来说是问题,对他人来说则可能是有利可图的事业。人类的每个问题都有其积极的可能性,有待有心人来发掘利用。对人类而言,每个问题都是一种磨炼。困难使积极的人走向成功,使消极的人走向失败。

杰克是一个非常干练的推销员,他的年薪有6位数字。很少有人知道他原来是历史系毕业的,在干推销员之前还教过书。杰克认为自己是个很没趣的老师。由于他的课很沉闷,学生个个都坐不住,所以,杰克讲什么他们都听不进去。他之所以是没趣的老师,是因为他已厌烦教书生涯,毫无兴趣可言,但这种厌烦感却在不知不觉中也影响到学生的情绪。最后,校方终于不与他续约了,理由是他与学生无法沟通。其实,杰克是被校方免职的。

当时,杰克非常气愤,所以痛下决心,走出校园去闯一番事业。就这样,他才找到推销员这份胜任并且愉快的工作。

真是"塞翁失马,焉知非福"。如果杰克不被解聘,也就不会振作起来!基本上他是个很懒散的人,整天都病恹恹的。校方的解聘正好惊醒他的懒散之梦。到现在为止,他还是很庆幸自己当时被解雇了。要是没

65

有这番挫折,他也不可能奋发图强起来,闯出今天这个局面。赢家视困难为机会,对他们而言,每件事都是一个机会。

通常,我们在遇到困难时会理所当然地认为它是一种打击,是糟糕的结果,是失败的根源。然而,各行各业的成功案例都表明,所有的困难都是重要的机遇,是前进路上转弯处的明灯,只要你有积极的态度、进取的精神。所以,当你遇到难以战胜的困难时,不要抱怨困难的无情,而应该反省一下自己的态度是否积极、端正。

所有的生活经验,都是用来证明那些阻挡人类进步的障碍会被坚定的善行、积极、坚忍以及克服困难的决心和勇敢所克服。

02　细节决定成败

"大处着眼,小处着手"是句大家耳熟能详的谚语。但是,许多人虽然做到了前半句的"大处着眼",却忘了后半句的"小处着手"。毕竟,大处着眼式地梦想美好的未来,令人愉悦,面对必须流血流汗的小处着手,却令人心烦。

要想开创人生的新局面,实现人生的突破,就要选择关注细节,从小事做起。这样,才能一步步向前迈进,一点一滴积累资本,并抓住瞬间的机会,实现人生的突破,踏上成功的道路。所谓"天下大事必做于细",是非常有道理的。

鲁尔先生要雇一名勤杂工到他的办公室打杂,他最终挑选了一名男童。

"我想知道,"他的一位朋友不解地问,"你为什么选他,他既没有带介绍信,也没有人推荐。"

鲁尔说:"你错了,他带了很多介绍信。他在门口时擦去了鞋上的泥,进门后随手关门,这说明他小心谨慎。进了办公室,他先脱去帽子,回答我的提问时干脆果断,证明他懂礼貌而且有教养。其他所有的人直接坐到椅子上准备回答我的问题,而他却把我故意扔在椅子边的纸团拾起来,放在废纸篓里。他衣着整洁,头发干净。难道这些小节不是极好的介绍信吗?"

在一些公共环境中,人们对一个陌生人的了解,注意的往往就是他的小节。在互不熟悉的情况下,人们在不知不觉中就会先入为主地认为:一个小节常常反映出大问题。所以一个人在小节上的表现和修养,其实就是他身份的象征。

高调做事低调做人

2003年2月1日,美国"哥伦比亚"号航天飞机返回地面途中,着陆前意外发生爆炸,飞机上的七名宇航员全部遇难,全世界感到震惊。

美国宇航局负责航天飞机计划的官员罗恩·迪特莫尔因此而被迫辞职。此前,他在美国宇航局工作了26年,并已担任4年的航天飞机计划主管。

事后的调查结果表明,造成这一灾难的凶手竟是一块脱落的隔热瓦。

"哥伦比亚"号表面覆盖着2万余块隔热瓦,能抵御3000摄氏度的高温,以免航天飞机返回大气层时外壳被高温所熔化。

1月16日,"哥伦比亚"号升空80秒后,一块从燃料箱上脱落的碎片击中了飞机左翼前部的隔热系统。宇航局的高速照相机记录了这一过程。

应该说,航天飞机的整体性能等很多技术标准都是一流的,但就因为一小块脱落的隔热瓦就毁灭了价值连城的航天飞机,还有无法用价值衡量的七条宝贵的生命。

许多事例告诉我们,大局的改变,往往是由每次一点点的小变化所决定的。今天你失去的可能只是用户的一次信任,或者是一个普通的用户离你而去,但当它达到一定量的时候,产生的冲击则是惊人的,一个用户的离去,可以演变成一群或一大片用户的离去。特别是我们已经为工作做出了许多努力、付出了许多汗水,到头来却因为自己对一些小事把握不好,从而使自己之前热情贴心的服务所取得的信任付之东流,那岂不更加得不偿失?

一次,国内一位旅客乘坐某航空公司的航班由济南飞往北京,连要两杯水后又请求再来一杯,还歉意地说实在口渴,服务小姐的回答让她大失所望:"我们飞的是短途,储备的水不足,剩下的还要留着飞上海用呢!"在遭遇了这一"细节"之后,那位女士决定今后不再乘坐这家公司的飞机。

第三章 成败之间有取舍

工作中无小事。所有的成功者与我们一样,每天都在对一些小事全力以赴,唯一的区别是他们从不认为自己所做的事是简单的事。

日本东京一家贸易公司有一位专门负责为客商购买车票的小姐,经常给德国一家大公司的商务经理购买来往于东京、大阪之间的火车票。

不久,这位经理发现一件趣事,每次去大阪时,座位总在右窗口,返回东京时又总在左窗边。

有一次,经理询问小姐其中的缘故。小姐笑着答道:"车去大阪时,富士山在您右边;返回东京时,富士山已到了您的左边。我想外国人都喜欢富士山的壮丽景色,所以我替您买了不同的车票。"就是这么一件不起眼的小事使这位德国经理十分感动,促使他把对这家日本公司的贸易额由400万马克提高到1200万马克。他认为,在这么一件微不足道的小事上,这家公司的职员都能够想得如此周到,那么,跟他们做生意还有什么不放心的呢?

任何小事都不是孤立的,都和大事联系在一起。做好小事是完成大事的基础和前提。很多时候,一件看起来微不足道的小事,或者一个毫不起眼的变化,却能实现工作中的一个突破,甚至改变商场上的胜负。

日本狮王牙刷公司的员工加藤信三的故事就是一个很好的例子。有一次,为了赶时间上班,加藤急急忙忙地刷牙,没想到刷得牙龈出血。他非常恼火,走在上班的路上仍非常气愤。

到了公司,为了集中精力工作,加藤将心头的怒气平息了下去。后来,他和几个要好的同事提及此事,并相约一同想办法解决刷牙时容易伤及牙龈的问题。

他们想出了很多办法,如把牙刷毛改为柔软的狸毛,刷牙前先用热水把牙刷泡软,多用些牙膏,放慢刷牙速度等,但效果均不明显。后来,他们在放大镜底下进一步检查牙刷毛,发现刷毛顶端并不是尖的,而是四方形的。加藤想:如果把它改成圆形,不就行了!于是,他们着手改进牙刷。

高调做事低调做人

他们将改进后的牙刷进行试验,发现效果非常理想。

加藤正式向公司提出了改变牙刷毛形状的建议。公司领导看了这个建议后,觉得非常好,决定把全部牙刷毛的顶端改成圆形。改进后的狮王牌牙刷销路极好,销量直线上升,最后占到了全国同类产品销售量的40%左右。加藤也由普通职员晋升为公司的董事长。

"泰山不让土壤,故能成其大;河海不择细流,故能就其深。"注重细节是一名员工必备的习惯,它体现出一个人的工作态度、行为方式、做人理念。

在你过去的工作中,有没有认认真真地做好过每一件小事?要知道,一个微小的细节也许就改变了你一生的命运。具体来说,工作中你可以从以下几个方面开始做起:

1. 保持办公桌的整洁。如果你的办公桌上堆满了信件、报告、备忘录之类的东西,就很容易使人有混乱感。更糟的是,零乱的办公桌无形中会加重你的工作任务,冲淡你的工作热情,使你很难快速地投入工作。一位成功学家说:"一个书桌上堆满了文件的人,若能把他的桌子清理一下,留下手边待处理的一些工作,就会发现他的工作更容易些。这是提高工作效率和办公室工作质量的第一步。"因此,要想高效率地完成工作任务,首先就必须保持办公环境的整洁有序。

2. 不要经常缺勤。缺勤在很多员工看来是一件小事,但是,这件事情完全关系到你个人和公司的利益。因为在老板的眼中,出勤率高的员工无疑对公司更加负责。所以尽一切努力来保证出勤,因为缺勤会使你无形中损失很多。

3. 不把请假看成一件小事。请假无疑会影响你的工作进度,即使你认为自己的工作效率较高,耽误一两天也不会影响工作进度,那也不能轻易请假。因为你身处的是一个合作的环境,你的缺席很可能会给其他同事造成不便,影响其他人的工作进度。

4.不闲聊,不干私活。就员工个人而言,利用上班时间处理个人私事或闲聊,会分散注意力,降低工作效率,进而影响工作进度,造成任务逾期不能完成。所以把办公时间全部用在工作任务上是必要的。

5.下班后不要立即回去。下班后要静下心来,将一天的工作做个简单总结,制定出第二天的工作计划,并准备好相关的工作资料。这样有利于第二天高效率地开展工作,使工作按期或提前完成。离开办公室时,也不要忘了关灯、关窗,检查一下是否有遗漏的东西。

把每一件简单的事做好就是不简单,把每一件平凡的事做好就是不平凡。敬业者心中无小事,他们相信:简单的招式练到极致就是绝招,简单与平凡的小事更能磨出敬业的快刀。

03 天生我才必有用

生活中固然必须有名垂千古、万世敬仰的伟人,也不可缺少就就业业、不求闻达的凡人。

人生之路,无需苛求。只要你奔跑,找到适合自己的坐标,路就会在你脚下延伸,人的生命就会真正创新,智慧就得以充分发挥。

李白的一生并不顺利,但是贵在有这种自信,才能成就大业。"天生我才必有用。"细想一下,每一个人,不论男女,不分胖瘦,不管学识多少,不管贫富贵贱……虽路途平坦崎岖有别,但只要努力,不被困难吓倒,每个人都能发挥出自己的价值!

李白的一生有过情困,有过没钱的拮据、失去朋友的怅惘,也有过失业的无奈和贬官的打击……但是他豪爽乐观,唱出"天生我才必有用"的豪言,潇洒而自信,怎不让人钦敬感慨!而现在,有些人叹息读书苦、工作

高调做事低调做人

难、失业潦倒、老父不是富翁、生不逢时、失恋像天塌下来……他们不懂天生我才必有用的道理,更无潇洒的情绪、乐观的态度和战胜困难的斗志。

生命是一条无尽的河,也是一首古老而又年轻的歌,固然少不了波涛澎湃的壮丽,但也不能缺少水波不兴的平静。同样,生活中固然必须有名垂千古、万世敬仰的伟人,也不可缺少兢兢业业、不求闻达的凡人。也许你奔跑了一生,也没有达到彼岸;也许你奔跑了一生,也没有登上顶峰,但是抵达终点的不一定是勇士,失败了的,也未必不是英雄。不必太关心奔跑的结局如何。奔跑了,就问心无愧;奔跑了,就是成功的人生。

其实,一个人最大的敌人是自己,如果连自己都无法战胜的话,又何以去战胜别的敌人?不管事情多么困难,多么令人不如意,其实就是再坚持那么一下就可以过得去。人活着不容易,要想活得不平庸,活出精彩就更不容易。人从出世开始就是痛苦地哭着来到人世的,没有哪个婴儿是笑着出生的,接着就是成长的烦恼,学习、择业、择偶、生老病死,这一切似乎都是顺理成章的,但就是这么多复杂的事才有不同的人生经历,不同的人生感悟。每个人都是不同的,人生的价值、际遇自然也不相同。

即使你目前的情形可能会让人感到茫然,找不到方向,但那只是暂时的,只是还没有找到自己生命中的闪光之处,只是时机不成熟,或许在某些方面自己做的努力还不够。但有一天,当你发现了那个让你觉得兴奋的亮点之后,就会觉得眼前豁然开朗,觉得一切努力,一切辛苦的付出都是值得的,觉得成功其实一直离自己很近,只是以前没有发现自己,没有真正想过自己的价值。

所以,当面对生活中暂时的不如意时,要调整好自己的心态,不要灰心丧气,人一生有很多值得去努力的东西。你自己的价值,首先需要找到的伯乐就是你自己。

现在这个世界,竞争残酷,物欲横流,人人都有危机感,升学的压力,就业的难度,工作的烦恼,家庭的琐事……这一切将我们折腾得疲惫不堪,让我们灵魂、肉体的承载度超时超量。于是,悲观、绝望、失意、消沉、长吁短叹,本来大好的前程也因为走不出失败的阴影而变得黯淡。

"天生我才必有用,千金散尽还复来。"对于尘世中的一员,生活中的我们来说,挫折和困难就如柴米油盐,是人类不可少的调料。没有油盐,再香的美味也会黯淡;没有挫折和困难,我们的人生历程就将不再完美,不会圆满!

诚然,太多的失败,太多的不如意会将我们的热情浇冷,将我们的信心摇动。但要记得:"我跌倒一百次也要一百零一次站起来。"因为这最后一次将是你完美的结局! 不要因为失败多而怀疑自己的能力,不要因为不如意常伴而将热情抛弃。

在事业上有所作为的人,无不是从认识自我,设计自我,创造自我开始的。培根说:"认识自己比认识世界更难。"人世间有多少人,胸无半点志向,只是浑浑噩噩地活了那么多年,而使他们一蹶不振、沉沦丧志的原因,归根到底,就是没有把握好自身存在的价值。

在任何挫折失败面前,望而却步者终无法开启智慧大门,而勇于开逆风船、不屈不挠者必定是有所成就的人。

道尔顿从小生活在乡村,对城市生活一窍不通,被人说成上帝造就的"多余人",然而他成了近代化学伟大的奠基者。事实证明:天生我才必有用!

海伦·凯勒在一岁半的时候,不幸降临到她身上。双目失明、双耳失聪的小海伦生活在无边无际的黑暗中,生活在死一般的沉寂中,她以为她的人生就这样结束了。然而生活往往就是这个样子,每结束一个,就会又有一个新的开始。沙利文老师来到了她的身边。有了沙利文老师和萨勒老师的鼓励,激起了海伦本身的求知欲。面对厄运,海伦不屈不挠,她如饥似渴地学习,终于考上了哈佛大学。毕业后,又为和自己一样不幸的人们服务着。

高调做事低调做人

　　海伦的伟大不仅在于她的刻苦,她的伟大更在于她的坚强。"天生我才必有用"这句话是正确的,我们要相信它。它是指导我们的无形老师,是指引我们走向成功之路的良友,它在帮助我们,鼓励着我们,给我们冲向成功、勇往直前的力量。它无时无刻不在督促着我们,促进我们的进步。相信自己,相信自己可以活出辉煌,这是有所作为的前提。

　　人生有各种各样的舞台,能展现你才华的舞台有一个。只要准确地选择这个舞台,你的才华才能得到施展,从而实现自己的人生梦想。

　　随着经济发展的快速,科学技术的进步,竞争残酷,每个人都活在这个优胜劣汰的社会之中,来自生活的各种无形压力使我们喘不过气来,这些与日俱增的压力使我们思想堕落,无心去工作、学习,以至工作样样不顺心。多少人为此而苦闷、压抑,放弃了自己的理想、目标,甚至觉得世界不需要他,而为此产生轻生的念头。其实,压力产生动力,没有压力就没有动力,让我们在压力下奋勇前进,化压力为动力,开发出潜意识中的新资源。面对一切在我们人生道路上不为人知的坎坷、困难,做好准备,等待挑战,恭候它们的大驾。不慎跌倒并不代表永远的失败,只有跌倒了就失去奋斗勇气的人才是永远的失败。

　　正所谓条条大道通罗马,通往成功的路有千万条,成功的定义也因人而异,相信"天生我才必有用",积极向上,为成功之路铺好基石。有自信、耐心、恒心才能超越自我、改善自我、发挥自我的优点。精彩的人生需要把努力作为前提,加倍努力会愈加使人生的彩色图更加鲜明、美丽,会让你真正地发现自我,进而展现出自我。

　　要相信,成功的道路虽然充满艰难险阻,但是"天生我才必有用"是正确的,不管遇到什么艰难险阻都不能灰心,失败并不能动摇自我的决心。虽然没有人能完美地把握住,但毕竟有人获得了成功。我们要握好"天生我才必有用"这张通往成功的车票,才能搭上通往成功的列车!成功的大门始终向人们敞开着,我们绝不能放弃,要相信自己。

第三章　成败之间有取舍

　　既使你失败了,也没有什么可遗憾的,因为你真正去做了。至于成功与否,把自己放在一个平凡的位置,就会发现,任何人原来都无关紧要,少了谁地球还是一样会转。告诉自己:"天生我才必有用",没有一个人是什么都精通的,也没有一个人是一无是处的,只是在前途和位置上暂时没有找到合适的地点。人从生下来那一刻,就注定要做许多事,大多数人都在做平凡事,只有少数人经过了努力成功了,而我们现在还要好好努力,继续加油!

　　中国有句俗话:三百六十行,行行出状元!一个人能真正正确地认识到自己的优势,就可以创造自我,走上成功之路,这是成功的关键。一个人有了这样的自信,才能有获得成功的可能性。所有的成功并不一定要轰轰烈烈,也并不一定要出人头地,只要把握好自己的角色,好好地活着,不在烦恼中虚度光阴,茫茫人海中,凡人也是不平凡的一个。

04　不要为自己的失败找理由

不为失败找借口，只为成功想办法。

世界上最愚蠢的事情就是推卸眼前的责任。推卸责任最常用的手段就是寻找各种借口。借口让你暂时逃避了困难和责任，获得了些许心理慰藉。但一味地寻找借口无形中会提高沟通成本，削弱团队协调作战能力。如果养成了寻找借口的不良习惯，那么当遇到困难和挫折时，就不会积极地去想办法克服，而是去找各种各样的借口。

要学会在问题面前、困难面前、错误面前勇于承担起自己的责任，努力寻找解决方案，而不是在发生问题时才四处寻找任何托词和借口。有这样一句话："没有卑微的工作，只有卑微的工作态度。"相同的工作时间，用消极的态度与积极的态度去做，效果会截然不同。既然是必须做的事情，无法推脱，为何不积极去面对呢？与其埋怨工作，不如行动起来将事情处理好！

抱怨是无济于事的，最多也就是过过嘴瘾。它只能表明你面对困难和失败退缩了，表明你已经承认了自己的无能，又不想让别人发现。你为了逃避他们的批评和指责，开始努力为失败找理由，希望他们体谅你、宽恕你，甚至同情你。但你有没有发现这样做并没有改变你失败的处境，还有可能为自己的再次失败埋下祸根。

一位学业有成的年轻博士，应邀到一所高中进行演讲时，谈到了自己这么多年来成功的主要原因是不要抱怨，不为失败找借口。

他回忆自己小时候的经历说："自己的学习成绩不好，父亲每次问起，总是找借口解释自己为什么学不好，为什么没考好，却从不去找原因。父

亲就对自己说:'别说了,别再找借口了,这不是理由,你该好好想想自己究竟是什么原因学习不好。'后来,我慢慢明白他说得对,直到现在每次我失败时,就立即告诫自己,别为失败寻找借口。"

　　生活中经常会碰到这种情况:遇到一些自己不愿干或不想干的事情,就会给自己找个理由,"没有时间""我不舒服"等等。看到别人获奖,或被记者媒体报道,又找个理由安慰自己:"别人运气好,如果换成我一定比他做得更好。"与其说为自己做不好事情寻找借口,倒不如说为自己的惰性加上冠冕堂皇的理由。其实如果你真想做一件事,想得食不甘味,夜不能寐,就一定会去做,而且一定会做好,即使失败了也不要为自己找任何理由。每一个成功的人都知道自己需要什么,如何去寻找,去努力,以此来实现自己的梦想。即使失败,他们也不会为失败寻找理由,只会为成功搭建桥梁。

高调做事低调做人

不论做什么，都应该尽力而为。只要现在能够做到，就不要有任何推迟，哪怕只有一个小时，甚至一分钟。没有任何借口，自动自发，所有的障碍都会变得微不足道。凡是身处要职且卓有成就的人，都具备这种优良特性。那些经常为失败找理由的人就是没有勇气承认自己的能力有问题。不敢正视现实，面对失败。我们失败后应从自身去找原因，从自己的角度去研究失败的原因，如自己的策划能力，执行能力，判断能力等。事情是你自己做的，失败当然和自己有很大关系。因此你最好不要抱怨，不要找借口推托自己的责任。即使理由再充分，那也不能挽回失败的局面，甚至还会让人认为你很无能。当然，如果是客观因素造成失败，根本无法避免，那么聪明的人也不会以此作为失败的理由。因为他深深懂得，如果经常找借口会成为一种习惯，会让自己错过探讨真正失败原因的机会，这对自己今后的成功是非常不利的。

"责任到此，不能再推"，这是美国第 33 届总统杜鲁门的座右铭。他用这句话时刻提醒自己要勇于负责，不能把宝贵的时间和精力浪费在如何推脱责任上。抛弃找借口的习惯，你就会在工作中学会大量的解决问题的技巧，这样借口就会离你越来越远，而成功就会离你越来越近。这个世界的机会是留给这些人的，他们懂得完成任务的技巧和艺术，他们不仅知道要完成任务，还知道怎样完成任务，怎样把事情做得最好。

只会为自己找台阶下的人，不可能创造有意义的人生。不为失败找借口，只为成功想办法。唯有如此，才能有更好的发展，才会获得更多的回报！

05　谨慎判断，大胆行动

如果你也是因为自己的鲁莽而导致了失败，那么不要气馁，振作起来，重新开始，你就能走出困境。

谨慎与大胆可以说是一把双刃剑，过分的谨慎会让我们畏缩不前；过分的大胆，又会使我们走得太快，一不小心就会跌得头破血流，甚至再也爬不起来。所以最好的办法是找到谨慎与大胆的一个平衡点。

成千上万的人做着创业梦，只有少之又少的人勇敢地付诸行动。在没有资金的情况下，敢想、敢说、敢干也是一种资本。胆量，是成功的"第一资本"。

若干年前，有个年轻的妇人，她的梦想是制作一些漂亮的女装上衣。她在和会计师及"中小企业协会"的代表协谈过之后才发现，如果想要创业，资金最少也要在15万到20万美元之间。

她说："我可没有办法弄到这么多钱。"

"你现在有多少资本呢？"她的朋友问道。

"大约五千美元。"她回答说。

"好极了！"她的这位朋友说："只要你的梦想十分坚定，那么你只要利用五千美元就可以展开你的女装事业。"接着这位朋友向她说明，她可以利用少许的资金和一家成衣制造商签约生产样品，然后通过代理商经销，让这些经销商按件抽取佣金。

在短短的三年之内，她已使她的梦想变成每年500万美元的大事业。她的梦想还在不断扩张之中，她的目标是在今后把事业扩大到每年5000万美元。

创业需要有胆量，敢下注，想赢也敢输，创业是需要心理承受能力强大的一项活动。创业需要冒险，有些事情尽管你反复研究，无数次论证，但也不是完美无缺的，仍然存在风险。

十年以前，阿里从事相对轻松的教师工作，也有一点小小的积蓄，可是他的心里并不是很安分。阿里打算做点某一方面的投资或经营。这时，阿里的一个从事家具销售的朋友找到了他，朋友告诉阿里："现在家具

高调做事低调做人

的生意都很红火,我想自己生产,可是资金比较困难,你能不能入股?"

朋友还讲出了很多做家具的人如何致富的故事,说得阿里也心动了,于是拿出了自己的积蓄,还贷了一些款交给朋友,可阿里想得还是太简单了。

阿里的朋友虽然对家具的销售比较在行,可他不懂得生产和管理,生产出的产品款式和质量总存在问题,所以自然卖不出好价钱,支撑了不到一年,就因为生意不好,资金短缺,不得不将厂房贱卖出去。

阿里和他的朋友都深受打击,他们不得不为自己的鲁莽付出代价。

阿里还欠了一笔债务,这使他感到很沮丧。还好,天无绝人之路,另外一个朋友知道阿里的处境后,让他跟自己参加业余推销,这样可以让他每个月增加60美元的收入。这时,阿里不再那么冲动了,他先向朋友详细咨询了相关情况。还亲自跟着朋友去体会了一周,而且当阿里知道干这件事,开始仅仅需要100美元的投资时,便大胆地加入了这个推销团队。

后来他成功了,在短短5年时间内,他不仅还了自己的贷款,而且还买了一套大房子。他的下一步计划就是自己开一家公司。

胆识在成功的人生旅程中是非常必要的,因为成功没有寻常路。聪明的人从来就不甘平庸。他们敢于打破常规的束缚,勇敢地追求自己的理想和目标。

当然,你行动之前,必须谨慎地对事情进行分析、判断,是利大还是弊大,然后得出结论,再大胆地付诸行动,这样成功的机会就很大,即使失败了,也还有回旋的余地,并且会学到很多宝贵的经验。

06　打破常规,出奇制胜

打破常规,出奇制胜,能让你取得意想不到的结果。

完美的思路往往会在头脑中形成一种思维定势。时间越长,这种定势对人们的创新思维束缚力就越强,要摆脱它的束缚,也就越需要做出更大的努力。无论在生活还是工作中,我们只有打破常规,才能在众人之中脱颖而出。

有一位作者,花了几年心血完成了一本小说,故事情节很平凡但很感人,正是因为这个原因,有一家出版社才将他的小说出版。

这位作者也想通过这本书的发行来改善自己目前清贫的尴尬境地,他知道,要想让自己的书,在书店里成千上万册书中引人注意,确实不容易,现在是图书快餐时代,纯文学的书很难吸引读者的兴趣,他也没有更多的钱来为自己的书做宣传,或者做点假新闻搞什么绯闻秀,他又不是什么明星。

想了几天,这位作者终于来了灵感,他选了一个大城市中发行量最大的报纸,用一个整版登了一则征婚启事:本人热爱生活,喜欢打高尔夫球,是个年轻有教养的百万富翁,被某某小说中的平凡、真挚而伟大的爱情深深打动,希望能和小说女主人公一样的女性结婚。

几天之后,这位作者的小说就登上了各大书店畅销书排行榜的榜首。

高调做事低调做人

他本人当然也迅速走红。这就是打破常规,出奇制胜,它能让你取得意想不到的结果。

所以,创新是更新的最高境界。你要想在现代职场上成为一个杰出的人,在激烈的竞争中立于不败之地,就要培养和发展自己的创新精神,养成创新的习惯。古今中外的成功人士都是有创新意识的人,模仿永远成不了真正的大师。对每个人而言,知识是当今时代生存与发展的主要凭借,而创新不仅是时代的要求,更是持续发展、不断进步的真正源泉。

小赵大学刚毕业,在一家公司工作了半年。但是,他特别想了解公司总经理对自己的评价。在别人看来这是不可能的事情,总经理平日的事务太繁忙了,再说,小赵作为新员工,在公司的位置又很低,总经理是不可能理睬他的。

不过,小赵还是决定要试一试。他给总经理写了一封信,在信中,他向总经理提出了一个问题:"我能否在更重要的位置上干更重要的工作?"这个问题很可能会让总经理对小赵产生不好的看法,因为,总经理很容易就会想到小赵太缺乏自知之明了。

然而,总经理却给小赵回信了,他在信中写道:"公司决定建一个新厂,你去负责监督新厂的机器安装。但你要有不升迁也不加薪的思想准备。"在那封回信中,还附有总经理给他的一张施工图纸。小赵看不懂图纸,以前也没有经过这方面工作的训练。

这个任务对小赵来说几乎是不可能完成的任务,有些人知道后,都暗地嘲笑他。不过,小赵没有把那些嘲笑当成一回事。他心里清楚,这是一个难得的机会,如果自己因为害怕困难而退缩,那么,幸运之神就再也不会垂青于他。

于是,小赵废寝忘食地研究图纸。同时,他还向内行虚心请教,并和他们一起进行分析研究,在这一过程中,小赵学习到了不少新东西。

由于小赵的认真和努力,工作顺利开展起来了,最后,还提前完成了总经理交给他的任务。

不久,小赵收到了总经理写给他的信,信中说:"当你看到这封信时,也是我祝贺你升任新厂经理的时候。同时,你的年薪比原来提高 10 倍。这是我对你敢于开拓思想、开拓公司事业的奖励。因为据我所知,当初我交给你的那些图纸,你是不可能看懂的,但我想看看你怎样去处理这件事,是临阵退缩还是迎难而上?结果我发现,你不仅具有快速接受新知识的能力,而且还有出色的领导才能。当你在信中向我要求更重要的职位和更高的薪水时,我便发现你的与众不同,这一点,颇令我欣赏。对于一般人来说,可能想都不会想这样的事,而你不仅想了,还去做了。现在,新厂建成了,我想物色一个厂长。我相信,你是这个职位的最合适的人选。"这样,小赵如愿以偿地被升为厂长。

成功的人在生活、事业上,不是没有遇到挫折和困难,和一般人不一样的是,他们总是积极主动地突破心中的瓶颈,换一个角度去思考问题。所以,追求成功的首要前提就是突破自我限制,走出自我设限的牢笼,在有限的空间里寻找无限的价值。

07　世上没有绝对的失败

一个人成功后依然有跌倒的时候,跌倒了再爬起来,那才叫真正的成功。

每个人都向往着成功,为此,有的人失败了还在向往着成功,也有的人成功了却还在惧怕失败。事实上有成功就有失败,成功的背后就是失败!于是,成功也同样给人们带来了一种压力。

在生活中,有的人被挫折打倒,有的人却把挫折当成垫脚石,不断前进。只要正视坎坷,永不放弃自己的追求,生活的艰辛将会被我们踩在脚下,生命将会永放光芒!如果懒于行动,容易退缩,并且在困难中日益消沉,把失败当做了终极,止步不前,那么这次失败将是他一生的失败。

保罗·迪克的祖父留给他一座美丽的森林庄园。他一直为此而自豪。

可是不幸发生在那年深秋,一道耀眼的雷电引发了一场山火,无情地烧毁了那片郁郁葱葱的森林,伤心的保罗决定向银行贷款,以恢复森林庄园以往的勃勃生机。可是银行却拒绝他的申贷。

沮丧的保罗茶饭不思地在家里躺了好几天,太太怕他闷出病来,就劝他出去散散心。保罗走到一条街的拐角处,看见一家店铺的门口人山人海,原来一些家庭主妇在排队购买用于烤肉和冬季取暖用的木炭。看到那一截截堆在箱子里的木炭,保罗忽然眼前一亮,回去后,他雇了几个炭

工,把庄园里烧焦的树木加工成优质木炭,分装成 1000 箱,送到集市上的木炭分销店,结果,那 1000 箱木炭没多久便被抢购一空。这样,保罗便从分销商手里拿到了一笔钱,第二年春天购买了一大批树苗,终于,他的森林庄园又绿浪滚滚了。

世界上并没有绝对的失败,导致失败的往往是我们对待问题的方法和态度。所以,很多时候,埋没天才的不是别人,而是自己。

一个人成功后依然可能会跌倒,跌倒了再爬起来,那才是真正的成功,这也提醒一些因成功而遭失败的朋友们,一定不要沉沦,另辟一条新路,再打造一个全新的自我,避其锋芒,在失败中重新站立。

失败是正常的,成功是为战胜失败而来的。

一个人的态度积极了,逆境反而催生了成功的契机,整个人生也随之发生大的改观。在挫折和逆境当中,每个人的态度不同,导致的结果也会截然不同。所以在困境面前不要绝望,正确地面对自己的人生,努力拼搏,胜利女神的微笑会为你重新展开。

失败在另一种程度上只是暂时没有成功,在这个时候为自己积蓄力量,就一定能到达成功的彼岸。

08　敢于面对失败，才能走向成功

不愿面对失败的人，永远都是失败的，敢于面对失败的人，即使最后失败了，也仍然是胜利的，因为他懂得如何对待挫折。

人生在世，谁都希望有所成就，但追求成就的同时必然要经历挫折与失败。尤其在社会竞争日益激烈的今天，机会增多，风险也随之增多，失败的概率也随之增加了。这就要求我们必须打破害怕失败的枷锁，用一颗平常心和足够的耐心来接受和面对失败。

1989年，日本松下公司公开招聘管理人员，一位名叫福田三郎的青年参加了应试。考试结果公布，福田名落孙山。得到这一消息后，他深感绝望，顿起轻生之念，幸亏抢救及时，他才自杀未遂。此时公司派人送来通知，原来福田被录取了，他的考试成绩名列第二，因当时计算机出了故障，所以统计时出了差错。然而，当松下公司得知福田因未被录用而自杀时又决定将他解聘。其理由是，连这样小小的打击都经受不起的人，又怎么能在今后艰苦曲折的奋斗之路上建功立业呢？由此可见心理素质对一个人来说是何等重要！

不愿面对失败的人，永远都是失败的，敢于面对失败的人，即使最后失败了，也仍然是胜利的，因为他懂得如何对待挫折。应该知道，世界上有许多事情，是没有办法尽如我们心意的。同时，我们个人的力量，也是有一定限度的，不要把这些不尽如人意的事情变成我们的困扰，学会把它们当成人生道路上必须要跨越的沟沟坎坎。

有一天，俄罗斯剧作家克雷洛夫在街上行走。忽然，有个年轻的果农走上前来，拦住了他的去路。只见果农拿着一个果子，向克雷洛夫兜售。

年轻人腼腆地对他说:"先生,请你帮忙买些果子吧!不过,我要老实告诉你,这些果子其实有点酸,因为这是我第一次种果子。"

克雷洛夫见这个果农如此诚实,心生好感,便向他买了几个果子,并对他说:"小伙子,别灰心啊!你以后种的果子会越来越甜的,我第一次种的果子也是酸的。"

年轻人一听,以为遇到了"同行",连忙向他请教:"你以前也种过果树吗?后来呢?"

克雷洛夫笑着说:"我啊!我收获的第一个果实是《用咖啡渣占卜的女人》。不过,当时没有一个剧院愿意演出这个剧本。"

一个人一生中遇到挫折和失意是难免的,关键是怎样去对待它。成功与失败同属于所付出努力的偶然结果,期望成功只是我们的感情选择。因此,我们应该以平常心对待失败,成功固然高兴,失败也不必伤心,反正

高调做事低调做人

该做的都做了,结果如何坦然接受就是。

人的一生难免会遇到失败与挫折,我们每个人都可以像克雷洛夫一样,善于自我调侃,不要害怕我们跨出的第一步,把难堪的窘境当成人生的必然经历。

美国成人教育家卡耐基经过调查研究认为,一个人事业上的成功,只有15%在于其学识和专业技术,而85%靠的是心理素质和善于处理人际关系。

1976年奥运会十项全能冠军的获得者詹纳,曾从体育比赛角度作了类似的论述,他说:"奥林匹克水平的比赛,对运动员来说,20%是身体方面的竞技,80%是心理上、人格上的挑战。"事实上,每个人都有充分发展自己,使自己取得巨大成就的智慧,但很多人却往往忽视了自我开发的巨大潜力。

教训是挫折所能给人的最大收获,或者说,经验也正是由之积累而来。只要你耐心地去总结,不断地去找出改进的方法,你就会变得越来越成熟,越来越聪明,越来越有职业和人生的经验,而且越来越少地犯不必要的错误。

每一个困难与挫折,都只是生活中必然的跌跤动作,我们不必太过惊慌或难过,只要心里牢牢记得小时候那种不怕跌倒的勇敢精神,鼓励自己站起来,拍拍灰尘,然后继续前进,或许下一步,我们就能踏着沉稳的步伐,朝着人生的新目标前进。

09 不要因为失意而放弃追求成功的理想

成功很难,但不成功更难,因为你要承受一辈子的失败。

第三章 成败之间有取舍

时常听见有人哀叹自己时运不济,无论任何事都不能如愿。事实上,真正失败的原因是他做任何一件事,只要一遇挫折就半途而废。可是继续从事他那份工作的人,却因自己不断地努力,反而获得了圆满的成果。

成功、失败如何界定?如果以朱迪·福斯特这样的奥斯卡影后为演员成功的标准,恐怕许多的国家也没一个成功的演员,如果以马克·吐温为写作成功的标准,恐怕谁也不要写文章了。

其实,无论干什么事情,做什么行当,你如果在自己的岗位上做出一点别人无法替代、重复不了的工作,有别人不能取代的一面,哪怕是很小的一方面,在一定程度上你就是成功的。如果你的工作、你这个人在世界范围内都无人能够取代,世人都无法重复你,那你就是一个极其伟大的人。

拿破仑·希尔说,在放弃所控制的地方,是不可能取得任何有价值的成就的,不管做什么事,只要放弃了,就没有了成功的机会;不放弃,就一直拥有成功的希望。

美国人约翰·皮尔彭特的一生充满了失败。他当教师,对学生总是爱心有余而严厉不足,为当时保守的教育体制所不容;他当律师,会因为当事人是坏人而推掉找上门的生意,同时也失掉了一笔丰厚的酬金;推销纺织品,他总是让对手在谈判中占自己的便宜;做牧师,却因为支持禁酒和反对奴隶制得罪了教区信徒,被迫辞职。

在他 60 多年的生命历程中,他真诚、努力,却一事无成。按说,皮尔彭特心中该是忿忿不平、郁郁寡欢的了,可是,恰恰相反,他为我们留下了一首举世闻名的歌曲——《铃儿响叮当》,歌曲清纯快乐一如他的内心。

他是快乐的,他没有因为个人的失意而放弃自己的理想,他始终相信人生和世界都是美好的。

世界上还有许多像皮尔彭特那样的人,努力过却最终未获取成功的人,他们并不是真正意义上的失败者,真正意义上的失败者是那些浪费自

89

高调做事低调做人

己的才华而庸庸碌碌的人。他们在努力的同时获得了真正的人生体验，体验到了拼搏的快乐，他们在人生路上书写了一道亮丽的色彩，这永远是他们这一辈子最宝贵的东西，永远值得他们去怀念、去回想，这使得他们的一生了无遗憾。成功是有界定的，在一定意义上他们还是取得了成功，即使是很微不足道的。

成功很多时候是不能从名利的角度看的，尤其不能以金钱衡量，以金钱衡量成功是一种亵渎，真正的成功是对人生的一种完善，是生命里一点亮色的东西，是永远不能消磨的一段记忆。

世上没有做不成的事，只有做不成事的人。一个真正想成就一番事业的人，志存高远，不以一时一事的顺利和阻碍为念，也不会为一时的成功所困扰。面对挫折，他们必然会发奋图强，去实现自己的理想，成就功业。

"成功很难，但不成功更难，因为你要承受一辈子的失败。"其实，"这世界没有失败，只有暂时停止成功，因为过去并不等于未来。"真正成功的人是那些能够面对人生挑战，不断在逆境中求胜的人。而那些承认人生失利而画地为牢的人乃是真正的失败者。做任何事只要半途而废，那前面的辛苦就白费了。唯有经得起风吹雨打及各种考验的人，才是最后的胜利者。

10　好事多磨，把心放宽

善良人常常把宽容给了陌路，把温柔给了爱人，却忘了给自己留一点。

从前，有一位老人上街去赶集，不小心丢失了一匹马。邻居们都替他惋惜。老人却说:"我虽然丢了一匹马,但这未必不是一件好事。"

众人听了,都感到老人很可怜。过了几天,丢失的马跑回来了,而且还带回来了一匹骡子。众人见了纷纷羡慕不已。可是,老人却忧心忡忡地说:"你们怎么知道这不是一件坏事情呢?"

大家都以为老人一定是让好事给乐疯了,以至于连好事坏事都分不清。几天后,老人的儿子骑着骡子在院子里玩,一不小心把腿摔断了。

邻居们都过来劝老人不要伤心难过。不料,老人却笑着说:"你们怎么知道这不是一件好事情呢?"大伙儿简直不敢相信自己的耳朵,无不奇怪地悻悻离去。

事隔不久,战争爆发了。凡是身体健康的年轻人都被拉去当了兵,大多数人都战死沙场,再没能回来。而老人的儿子却因为腿瘸没有应招当兵,待在家里平安无事。

这个故事,就是著名的"塞翁失马,焉知非福;塞翁得马,焉知非祸"的成语典故。

世上的很多事都是难以预料的,成功常常伴随着失败,失败往往孕育着成功,好事会变为坏事,坏事也会变为好事。人的一生,本来就是成败相随,好坏更替的统一体。聪明的人,都会尽力使坏事变好事,而提防让好事变坏事。

高调做事低调做人

在人生的旅途中,有顺境也有逆境,有欢乐也有忧伤。不过有的人容易看到其中美好的一面,另一些人则只记住悲哀的一面。忧和喜是事物给你带来的两种心情,只要你不钻牛角尖,想问题善于从两面或多个角度去思考,哲理就在你身边,大可不必忧心忡忡。

好事多磨,我们应该有这个信念:失意是一种磨炼的过程,心即使在冰冻三尺之下也不会凉的。俗语有"瑞雪兆丰年"之说,雪愈大,年愈丰。

站得高,你就看得远。没有一帆风顺的人生。如果一生无挫折,未免太单调、太无趣、太乏味。没有失败的尴尬和忍辱哪来成功的喜悦?也许你就是忍受不了人情的冷暖和失败的打击,抱头哀叹,早已说过"不如意事十常八九",如果再次遇到,那就当它是横亘于面前的一块石头吧。摆正它,登上去!也许你的视野会更开阔、心胸会更豁达呢!

善良人常常把宽容给了陌路,把温柔给了爱人,却忘了给自己留一点。有一句话很有用,叫"没什么"。对别人总要说许多"没什么",或出于礼貌,或出于善良,或出于故作潇洒,或出于无可奈何,或是真不在意,或是别有用心。如果你要劝解自己,也要学会这么说。缺少阳光的日子很忧郁,你要学会说"没什么";失去朋友的生活很寂寞,你要学会说"没什么"。自己已经很累了,需要一种真诚的谅解,说句"没什么",对你自己,对自己疲惫的心灵。这么说,并不是让你放纵所有的过错,只是渴求自拔,也不是决意忘怀所有的遗憾,只是拒绝沉溺。自己劝慰自己才管用。

一个真正勇敢的人,在磨难中昂首挺胸,意志坚定。他敢于对付任何困难,嘲笑任何厄运,因为贫穷困苦不足以损他毫发,反而增加了他的力量!

做人的乐趣正是在于你要面对一次次的失败与挫折,要面对成功的喜、失败的悲,面对一个你未知的未来。总之,相信好事多磨,人生失意在所难免,权且把心放宽。

11　与对手合作是一种智慧

当自己的优势不再是优势，而这种优势往往又被对手所掌握时，我们最好是与竞争对手合作，改变自己的不利处境，谋求更长远的发展。

有一首歌唱得好："一个篱笆三个桩，一个好汉三个帮……只要你我真情相拥，懦夫也会变成金刚……"人并不是全能的，一个人的成功需要其他人的帮助。不过，怎样扎好"篱笆"，却要讲究一定的方法。

和竞争对手合作，可以说机遇与挑战并存。从企业发展的角度上说，和竞争对手实现联合，是企业家一种明智的选择；是发展壮大自己的重要手段；也是为了适应更高层次的竞争的客观需要。通过联合，可以获得企业发展的必要资源和条件，加速企业的快速发展。当然，与竞争对手合作也存在着很大的挑战。如果把握和处理得好，就会事半功倍；相反，则会事倍功半甚至全盘皆输。与竞争对手合作的成功率相对来讲不是很高，因为每个人都想"以最小的代价获取最大的好处"，所以与竞争对手的合作必须谨慎而行，在差异中寻求共赢。

高调做事低调做人

日本索尼曾经独领风骚,但后来,它在液晶显示电视机方面却远远落后于惠普和三星。同时,在音响、电脑、电视机及其他电子设备领域,三星、美国戴尔这些新对手也正逐渐削弱着索尼的优势地位。这些都是索尼业绩大幅下降的重要原因。在这种情况下,索尼不得不作出与竞争对手合作的决策。

液晶电视市场的发展异常迅猛,索尼也想赶上这趟列车。但不可否认的是,索尼过去没能准确把握液晶显示电视将取代显像管的平板电视的发展趋势,因此在技术和设备方面都略有不足,于是不得不做出了这种迟到的战略转变。

索尼选择与竞争对手合作,也是经过一番周密详实地调查研究之后才选择三星的。三星的影响力和实力是有目共睹的,索尼想剑出偏锋,虽然三星是松下的一个合作伙伴,但索尼依然选择了三星。

当然,索尼与三星之所以能合作成功,就在于他们能达到共赢,在某些领域可以优势互补。

那么,如何能与竞争对手合作并达到双赢呢?应该注意以下几点:

1.要知道为什么要合作?自己的弱点在哪里?想怎样发展?想从竞争对手那里得到什么?提出的条件能否被对方接受。

2.对你准备与其合作的对象要有充分而全面的了解。比如对方的优势在哪里?劣势在哪里?对方的资源条件能否适合自己?自己的哪些方面是对方想要的?或者说通过双方的合作能呈现什么趋势或局面?

3.这个企业的规模、业绩和诚信度怎么样?企业老板的个人情况等,都要有个详细的了解。

通过一系列评价筛选,再确定适合自己的合作对象。合作对象确定好了以后,就要找准双赢的地方是什么。只有双方都具备了对方有的又是自己所需要的这个条件才有合作的可能。最后,诚信也是合作中不可缺少的。合作双方必须以诚信相待,严格执行相关约定,遵守游戏规则,绝不可欺诈捣鬼。只有双方互惠互利、实现双赢,合作才能成功,也才能持久。

与竞争者合作确实存在着很大风险。这种合作风险的根源则在于合作双方之间的利益划分不清以及目标存在很大冲突。因此,在合作之前的协议上划分得越清楚明白越对双方有利。

为了短期胜利,建立共同利益,为了长远成功,建立良好关系,也就是双赢思维,拥有平等、互惠的思想,采取合作的态度,改变自己的不利处境,才能谋求更长远的发展。

12　生活要懂得取舍

懂得舍弃,其实就是要懂得如何选择,就是要知道怎样去维护自己更重要的利益。

人生的过程就是一个不断选择,不断"获得"与"失去"的过程。如果没有一种豁达的心态,那么,不管怎样幸运的人,他的人生也不会真正完美快乐。为人处世要做一个拿得起放得下的人,追求自己想要的生活,不被一些事情牵绊。只有做到了这一点,你才会成为一个快乐而充满魅力的人。

大家都知道球王贝利,作为一个运动员来说,他用自己不懈的奋斗和天赋,取得了很多辉煌的成就,但是贝利知道,当运动员是个特殊的职业,因为年龄的增长和多方面的因素,自己的状态在达到巅峰后,就会走下坡路,于是贝利在自己的状态还比较好的时候,选择了退役。这个足球之

高调做事低调做人

王,留给了球迷们很多美好的瞬间。

聪明的贝利离开了绿茵场,但是他并没有离开心爱的足球,而是继续将足球这项运动推广到全世界。而那些酗酒的人、吸毒的人,都有一个相同点:他们被他们的感觉所控制。

"我看过许多书,听过许多录音带,我知道怎样成为一个实践者……但我什么都不想做。"一个年轻的女人对他的朋友说。

当她列出她看的书单时,很明显地,她没看到大多数作者要说的重点。

"你看了这么多书后,做了些什么?"朋友问她。

"我想改变我的态度,"她说,"但我觉得没有任何改变。"

"你的感觉和你成功或失败无关。"他告诉她。

"这是什么意思?"她问。

"如果我交给你一个信封,告诉你里面有100万,你会交还我说你不觉得里面有100万吗?"他问。

"不!"她很快回答,"我会打开来看你说的是否是真的。"

过了一会,她脸上露出了微笑。

"我懂了!"她说,"除非我去检查,否则我不会知道里面是否有100万,不管我的感觉是什么。"

我们的感觉有时是最不可靠的,也最容易使我们受蒙蔽。

有一天,一个很会游泳的人带着很多的银两坐船要到对岸去,船到河中央突然进水,要沉下去了,船上的人都跳下水里逃生了,那个很会游泳的当然也跳下水了,可是等了好长的时间,别人都已经到岸了,那个人还在河中,岸上就有人问他了:"你不是最会游泳的吗?怎么还游得那么吃力?"那个人回答说:"我是很会游泳,但现在我身上带了很多的银两,所以,游起来当然很吃力了。"岸上的人说:"那你快把那银两扔了不就得了吗?"水里的人回答说:"这可是银子,多舍不得啊!"岸上的人劝导:"你都

快生命不保了,还管什么银子?"但是,水里的人说什么也不扔掉那银子。一阵水浪扑来,水里的人连他的银子一同去了河底。

钱对我们来说确实很重要,拥有钱就可以拥有很多的物质资料,人要生存就必须消耗一定的物质资料,但是,连生命都没有了,那其他的还算得了什么呢?

人生路很漫长,我们遇到的事情很多,放弃什么,选择什么,是一个需要认真考虑的问题。要学会放弃,学会取舍。你放弃了很多,也许恰恰你获得了你最重要的那个。

学会放弃,本身就是一种淘汰,一种选择,淘汰掉自己的弱项,选择自己的强项。放弃不是不思进取,恰到好处的放弃,是为了更好的进取,常言道:"退一步海阔天空。"

第四章

坦然接受生活的考验,愈挫愈勇

世界由两类人组成:一类是意志坚强的人,另一类是意志薄弱的人。后者面临困难挫折时总是逃避,畏缩不前。面对批评,他们极易受到伤害,从而灰心丧气,等待他们的也只有痛苦和失败。但意志坚强的人不会这样,他们内心都有股与生俱来的坚强特质,在面对一切困难时,仍有内在勇气承担外来的考验。

高调做事低调做人

01　拭去心中的烦恼

95％的人只看到阻碍，只有5％的人看准目标。

在这个竞争激烈的社会中，很多人烦恼、迷茫、痛苦、失落，他们的生活被这些词语所占据，弄得他们永无宁日。其实，这个世界上并没有那么多烦恼找上你，只是你日复一日地主动寻找着烦恼。无穷的烦恼让我们错过了不知多少人生路上的美好瞬间。

16岁的卡尔经常为很多事情发愁，常常为自己所犯的错误自怨自艾。考试完后，卡尔也会睡不着，害怕考不好。他总是想那些做过的事，希望当初没有这样做。

一天早上，上生理卫生课，全班都到了科学实验室。老师保罗把一瓶牛奶放在桌子边上。大家都望着这瓶牛奶，不知道它和这堂生理卫生课有什么关系。

过了一会儿，保罗老师突然站起来，随手将牛奶瓶打碎在水槽里，大家都以为是自己犯了什么错误使得老师生气。保罗老师接着大声说："不要为打翻的牛奶而哭泣。"

然后学生们被叫到水槽旁边，"好好地看看，"保罗老师对大家说，"我希望大家能记住这一课，这瓶牛奶已经没有了，无论你怎么着急，怎么抱怨，都没有办法再挽回。只要先用一点思想，先加以预防，牛奶就可以保住。可是现在已经太迟了，我们所要做的只是将它忘掉。"

烦恼的人是无法专注工作，无法享受生活的。烦恼使人精神恍惚，反应减慢，智力水平下降。整天为不如意的事情忧虑伤神，大脑长期处于低潮状态，工作、劳动自然不会取得成果。烦恼还会使人生病，长期心绪不

第四章　坦然接受生活的考验,愈挫愈勇

佳,胃口必然不好,体制必然虚弱。整天烦恼的人如同陷入可怕的沼泽而无法自拔,即使有力也无法用上。

布思·塔金顿在他 60 多岁的时候,有一次低头看着地上的地毯,眼前一片模糊,他无法看清楚地毯的花纹。他去找了一个眼科专家,发现了一个不幸的事实:他的视力在减退,有一只眼睛几乎全瞎了,另一只离瞎也不远了。最后,他最怕的事情终于降临到他的身上了。

塔金顿对这种"所有灾难里最可怕的事"有什么反应呢? 他是不是觉得"这下完了,我这一辈子就此完了"呢? 没有,他自己也没有想到他还能活得非常开心,甚至还能善用他的幽默感。以前,浮动的"黑斑"令他很难过。它们会在他眼前游过,遮挡住了他的视线,可是现在,当那些最大的黑斑在他眼前晃过的时候,他却会说:"嘿,又是黑斑老爷爷来了,不知道今天这么好的天空,它要到哪里去。"当塔金顿终于完全失明之后,

101

高调做事低调做人

他说:"我发现我能承受我视力的丧失,就像一个人能承受别的事情一样。要是我五种感官全都丧失了,我知道我还能够继续生存于自己的思想之中,因为我们只有在思想里才能够看,只有在思想里才能够生活,不论我们是否知道这一点。"

塔金顿为了恢复视力,在一年之内接受了12次手术,为他动手术的是当地的眼科医生,然而他没有害怕,他知道这都是自己必须去做的事情,他知道自己没有办法逃避,所以唯一能减轻他痛苦的办法只有一个,那就是爽快地去接受它。他拒绝在医院里用私人病房而和其他病人一起住进大病房。在他必须接受好几次手术时,他还试着使大家开心——而且他很清楚在他眼睛里动了些什么手术——他只是尽力让自己去想他是多么幸运。"多么好运,"他说,"多么妙啊,现代科学发展得如此之快,能够在人的眼睛这么小的东西里动手术。"

一般人如果要忍受12次以上的手术,仍然过着那种不见天日的生活,恐怕就要变成神经病了。可是塔金顿说:"我可不愿意把这次经验拿去换一些更开心的事情。"

这件事教会他如何接受不可改变的事实,这件事使他领悟了约翰·弥尔顿所说的:"瞎眼并不令人难过,难过的是你一直处于瞎眼的悔恨之中!"

95%的人只看到阻碍,只有5%的人看准目标。哲人说:"使我们烦恼、忧郁的都是芝麻小事,我们可以躲闪一头大象,却躲不开一只苍蝇。"其实世界上哪有那么多值得烦恼的事情,我们之所以烦恼,是因为陷入了误区,觉得接受烦恼是自己的义务。当你真正觉得烦恼无所谓的时候,烦恼也就自然而然的不见了。

不要为琐事烦恼,也不要为小小的险阻吓退。每个人都有长远的想法、伟大的抱负,渴望去追求高贵的成就。莎士比亚说:"聪明的人永远不会坐在那里为他们的损失而哀叹,却用情感去寻找办法来弥补他们的损失。"想要把自己的潜能发挥出来,取得事业的成功,必须勇于忘却过去的不幸,重新开始新的生活。

02 正视人生的挫折

挫折是成功的前奏曲,因挫折而一蹶不振的人,是生活的失败者,视挫折为人生财富的人,才会获得成功的桂冠。

许多人一陷入困难,就悲观失望,给自己添上很重的压力,从此沉沦下去。要知道,世界上众多伟大而成功的人,都是经历了重重困难,方能成功的。如果人人都在困境中堕落,那这个世界上还会有那么多伟人吗?阳光总在风雨后,不经历苦难,你也看不到美丽的风景。坚强的人只会越挫越勇,迎难而上,而懦夫会被这个社会所遗忘。

美国著名电台广播员莎莉·拉菲尔在她 30 年的职业生涯中,曾经被辞退 18 次,可是她从来没有灰心丧气,每次被辞退后都放眼更好的工作,确立更远大的目标。最初由于美国大部分无线电台都认为女性不能吸引观众,没有一家无线电台愿意雇用她。她好不容易在纽约的一家无线电台谋求到一份差事,不久又遭辞退,说她跟不上时代。莎莉总结了失败的教训之后,又向国家广播公司电台推销她的清谈节目构想。电台勉强答应了,但提出要她先在政治台主持节目。"我对政治所知不多,恐怕很难成功。"她也曾一度犹豫,但坚定的信心促使她大胆去尝试。她对广播早已轻车熟路,于是她利用自己的长处和平易近人的作风,大谈即将到来的 7 月 4 日国庆节对她自己有何种意义,还请观众打电话来畅谈他们的感受。听众立刻对这个节目产生兴趣,她也因此而一举成名。

如今的莎莉·拉菲尔已经成为自办电视节目的主持人,并曾两度获

高调做事低调做人

得重要的主持人奖项。她说:"我被人辞退18次,本来会被这些厄运吓退,做不成我想做的事情。结果相反,我让它们鞭策我勇往直前。"

对于态度积极者而言,失败不是打击,更不是灾难,而是成长的阶梯。学会关上你的消极大门,不要让任何不能给你的未来带来明显益处的东西进入你的思想、你的工作、你的世界。每一次挫折后,都要让自己尽快地从不愉快的经历中解脱出来,尽快去掉一切可能会阻碍自己前进的思想包袱,相信"办法总比困难多"。人的一生不可能一帆风顺,当你遇到麻烦的时候,总会觉得放弃比继续前进容易得多,但你却没有意识到,这才是最大的麻烦。

英国著名作家、演讲家迪士累利是在遭受了一系列失败的打击之后,才在文学领域取得了人生历程的第一个成就。刚开始时,他的作品《阿尔罗伊的神奇传说》和《革命的史诗》遭到了人们的冷嘲热讽,甚至有人骂他是个精神病患者,他的作品也被人们视为神经错乱的标志。但他毫不气馁,依然继续坚持不懈地从事文学创作,后来终于写出了《康宁斯比》《西比尔》和《坦康雷德》等优秀作品,被人们誉为文学精品,深受读者喜爱。

迪士累利是一个杰出的演说家,但他在国会下院的首次演讲却以失败告终,被人戏称为"比阿德尔菲的滑稽剧还要厉害的尖锐叫嚷声而已"。

面对自己那充满学识的演说屡次遭到人们的冷嘲热讽,迪士累利苦恼之际,他举起双臂大声向人们喊道:"我已多次尝试过很多事情了,这些事情还不是在你们的嘲讽下最终取得了成功。我坚信今天的嘲讽只会令我更加努力,总有一天,当你们听到我演说的机会再次来到时,也许那时被嘲笑的是你们!"

正如迪士累利所说,这一天果真来了。迪士累利在世界第一次绅士大会上那扣人心弦的演讲,向人们展示了勇往直前的力量和决心将会干出多么杰出的成就,因为他自己就是靠辛劳和汗水获得了这样的成功。成功就是对挫折最大的报复。他不像许多年轻人那样,遇到失败和挫折就一蹶不振,躲到阴暗的角落里再也不敢见人。

迪士累利在遭受失败的打击后依然继续努力,愈加奋斗不止,勇往直前。他认真地反思自己,抛弃过去身上存在的缺陷,发扬受公众欢迎的长处,孜孜不倦地练习演说的艺术,刻苦学习议会知识。为了成功,他一次次地用"成功就是最大的报复"来鼓励自己,最后成功终于来了。早年失败的记忆自此从头脑里烟消云散,此时公众一致认为,他是议会里最成功和最有感染力的议员之一。

希望是前进的动力,是奋斗的勇气。对自己感到失望的人,不但失去斗志,还会无形中降低自己本身所具有的能力。这样,即使在良好的条件下,他们也难以认真地坚持,倘若遇到困难和打击,就会变得更加失望。但对一个真正渴望成功的人来说,保持正确的态度,充满希望地坚持,是必要的，也是必须的。

　　成功者之所以能成功，是因为他们有正确积极的态度，敢于接受失败并能够反败为胜。每一个失败者都有可能获得成功，因为每一个成功者都曾经失败过，无论这样的失败是大是小，次数是多是少。假如我们能够具备正确面对挫折的能力，挫折不仅不是坏事，而且还可以成为一种积极的心理动力，引导我们以更好的方法或更好的途径去实现目标。

03　苦难是成功者的财富

　　任何贫瘠的土地上都有生命的滋长，人们因为贫困而痛苦，却不能因贫穷而放弃努力，苦难是辛酸的，但能够变成推动人们向前的催化剂，能够转化为前进必需的超强的能量。

　　当一个人身处逆境的时候，如果他有正确而积极的态度，就能够去设想和实践一切可能的办法，尝试一切实用的知识，采取一切可能改变自身现状的措施。而他自身的潜能就会得到最大限度地开发和利用，他自身的素质也会得到极大的提升。这种进步和提升不是别人要求的，而是他自己强烈意愿的结果，因而具有更强的主观能动性。

　　巴尔扎克成名以后，有人询问他："你是怎样写出那么宏伟的作品的？"巴尔扎克耸耸肩，把手中的手杖递给人们看，人们在他的手杖上看到刻着这么一句话："我粉碎了每一个障碍。"

　　巴尔扎克小的时候，父母希望他今后能够成为一个大律师。但巴尔扎克却热衷于文学创作，决意要当一个文学家。

　　为了帮助儿子"改邪归正"，他的母亲特意为他租了一间冬冷夏热的破房子当工作室。她认为，当儿子在这里冻得发抖、饿得肚子咕咕叫时，

第四章 坦然接受生活的考验,愈挫愈勇

一定会回心转意,坐到律师事务所的皮椅子上去的。

当巴尔扎克搬进那间又脏又破的工作室,坐在一张旧椅子上,准备着写作时,一个难题摆在了他的面前:写什么呢? 小说? 戏剧? 还是论文? 他冥思苦想了一番,最后决定写一部悲剧《克伦威尔》。

他把自己关在小屋里,写啊写,有时一连三四天不出屋,就这样一直奋战了半年多,总算把悲剧写出来了。他兴冲冲地跑回家去朗读,可是当他兴致勃勃地朗读了三四个小时,家里的人和朋友们却都睡着了。

像他这样一个 20 多岁的小青年,历史知识和创作方法还都不熟悉,怎么能一下写出好作品来呢? 不用说,这个悲剧是失败了。

但巴尔扎克并不承认自己的失败,后来家里停止供给他生活费,他不得不同别人合作,用各种笔名写些平庸的小说,卖给出版商,赚钱维持生活。他想自己做个出版商,出版莫里哀等著名作家的作品,于是借了钱来当老板。可是,他作为一个外行老板总受人家的欺骗,不仅赔了老本,还背了一身债。紧接着,他又当了一家印刷厂的老板,计划着自己写书,自己选编,自己印刷,自己出版。但是,不管他如何拼命挣扎,最后还是失败了。

到 1828 年,巴尔扎克已欠下了 9 万法郎的巨额债务,每年单是利息,就要付出 6000 法郎。巴黎警察局奉命要逮捕巴尔扎克,他只好改名换姓,躲进了贫民区的一间小屋。从此,这位资产阶级的大少爷,成了贫民

高调做事低调做人

区里的一个成员。

一时间,巴尔扎克自己心里也空荡荡的,不知道应该怎样实现自己"成为文坛上的国王"的豪言壮语。面对无可奈何的惨痛局面,他只能硬着头皮往前走。

他决心从头做起。于是,阿斯纳尔图书馆里多了一位不知疲惫的读者。每天他一早进馆,扎进书堆当中,直到傍晚闭馆。图书馆馆长渐渐注意到这位每天最后一个离开图书馆的书迷,知道他叫巴尔扎克,便向他发出了邀请。原来这位馆长是一个文学社团的领导人,这个社团聚集了一批当时的名流,定期在馆长家聚会。巴尔扎克正想从书堆里求得突破,而馆长的邀请,正使得他能有名人的指点,是一个大好机会。但转念一想,参加活动的都是巴黎社会的体面人物,自己不但没名没份,甚至连一件像样的衣服也没有,如果贸然赴约,岂不自讨没趣?权衡再三之后,他放弃了这个机会。

和名流相比,与普通人打交道可就容易多了。巴尔扎克站在窗前,关注起那些与他打扮并无两样的人们,他觉得自己跟他们没有什么隔阂,而观察他们的生活和性格,不也是一种研究吗?于是,他下意识地让自己混到街上的穷苦人中间去。与这些人接触多了,巴尔扎克感到他们的破衣衫仿佛已穿到他的身上,露着脚趾的鞋子也套在了他的脚上,他们的愿望,他们的期冀,都已渗入了他的灵魂。他觉得,他的心与他们是相通的,自己也会跟他们一样,对虐待他们的工头和工厂主勃然大怒,对他们为了谋生而被迫忍受的百般折磨愤愤不平。

随着他对生活在社会底层的百姓了解的深入,他对巴黎、对整个社会的了解也愈加深刻。特别是巴黎这个大革命的策源地,英雄豪杰、地痞流氓,发明家与大学者,德行与罪恶,豪富与贫穷,全都在这里共存。这里有多少奇迹在自然发生而不被注意,有多少可怕而又美好的事物等待着去发现、挖掘!这种十分深刻的感悟,成为后来巴尔扎克构筑旷世巨作《人间喜剧》的思想基础,而这时仅是一种存储心头的积累。

任何贫瘠的土地上都有生命的滋长,人们因为贫困而痛苦,却不能因贫穷而放弃努力。苦难是辛酸的,但能够变成推动人们向前的催化剂,能够转化为前进必需的超强的能量。

真正的成功者是那些失败后仍能保持积极态度的人。

04　不要抱怨命运不公平

只有那些勤奋工作的人,不肯轻易放过机会的人,才能看得见机会,也才能抓得住机会。

俄国大诗人普希金在他的诗中写道:"假如生活欺骗了你,不要悲伤,不要心急,忧郁的日子里需要镇静,相信吧,快乐的日子将会来临。"

一般说来,凡是成大功、立大业的人,往往不是那些幸运之神的宠儿,反而是那些"没有机会"的苦命孩子。例如,只用一个划水轮,就发明蒸汽船的富尔敦;只有陈旧的药水瓶与锡锅子就发现"法拉第定律"的法拉第;还有那使用最简陋的仪器来从事实验的贝尔,发明了电话。

在人类历史中,没有一件事比人们从困苦中成就功名的故事更能吸引人了。"没有机会"永远是那些失败者的借口,大多数失败的人会告诉你:自己之所以失败,是因为得不到像别人那样好的机会,因为没有人帮助我们,没有人提拔我们。他们也会对你说:"好的地位已经额满了,高等的职位已被霸占了,所有的好机会都已被他人捷足先登,所以我们是毫无机会了。"

如果把等待机会从天而降当成一种习惯,就是一件危险的事。工作

高调做事低调做人

的热忱与精力,就会在这种等待中消磨殆尽。对于那些不肯工作而只会等待机会的人,机会是可望而不可及的。只有那些勤奋工作的人,不肯轻易放过机会的人,才能看得见机会,也才能抓得住机会。

要知道,即使是真有天才的人,也必须适应环境,先从点点滴滴的基础工作干起。一个人应该用自己的实有成绩去敲开成功之门,唤起别人对自己的理解和信任,而不能在什么都没有的时候硬要人家承认自己。

还有许多人已经获得了很好很大的机会,但他们却还在梦想着发财的、高升的、更大更好却又渺茫不可及的机会。当前的机会他们不认识,因为他们心目中的想法另有所属。

如果让这些怨天尤人的人与林肯换个地位,那他们对于所谓"机会",究竟将作何感想?假使他们住在旷野中,一处简陋的木造房子,无窗无门,远离学校、教堂、铁路,没有报纸、书籍、金钱,没有寻常生活的享受,甚至没有日常生活上的必需品,他们会作何感想?假使他们必须在荒野中跋涉50千米,才能借到几本书籍,然后在白天辛勤工作后,到了晚上,还要借着木柴的火焰来阅读,他们会作何感想?然而在这种冷酷无情的环境下,却造就了美国伟大的总统,在这种处处不顺遂的环境中,磨炼成了世界上空前伟大的人格。

所以,当你怀才不遇的时候,不要抱怨,或者在本单位寻求施展才能的机会,或者换个环境,找到适合自己的位置。发牢骚百害而无一益。毛泽东说:"牢骚太盛防肠断,风物长宜放眼量",确是有识之论啊!

只是坐在椅子上一味烦恼的人,是不会有任何改变的,过去的就让它过去,重要的是,我们要如何做,才能使自己"明天会更好"。

在太阳之下的每个人,只要有抓得住当前机会的毅力和能为目标而奋斗的精神,就有获得成功的可能。我们应该牢记,出路在自己脚下。若以为出路是在别处或在别人脚下,那是注定要失败的。

第四章 坦然接受生活的考验,愈挫愈勇

亚历山大在攻克了敌人的一座城市之后,有人问他:"假使有机会,你想不想把第二个城市攻占了?"

"什么?"他怒吼出来,"我不需要机会!我可以制造机会!"

当然,机遇不可能无缘无故地从天而降,也不会像路标一样,就在前面静静地等着你。机遇具有隐蔽性,它是隐蔽着的;机遇具有潜在性,它等待着开发;机遇具有选择性,它只垂青那些在追求中、动态中、捕捉中的人。

你是被动地、消极地等待机遇,还是主动地去追求?等待机遇不像是等班车,到点儿车就来,机遇要看你的等待状况如何。是不是碰上了机遇,是不是捉住了机遇,是不是失落了机遇,是不是再也没有机遇,这些都是一种现象,而实质问题在于你是否在认真地准备着、刻意地追求着。

古时有一位妇人,特别喜欢为一些鸡毛蒜皮的小事生气。她也知道自己这样不好,可就是改不了。一天,她听说有一位得道高僧很有办法,便决定去向高僧求救,希望高僧为自己谈禅说道,化解抱怨的心理,开阔心胸。

当高僧听了她的讲述后一言不发地把她领到一座禅房中,落锁而去。妇人见高僧不说一句话就把她锁在房中,气得跳脚大骂,并抱怨自己为什么要到这鬼地方受气。她骂了许久,见高僧不理会,妇人便又开始哀求,可高僧仍置若罔闻。最后,妇人终于沉默了。

这时,高僧来到门外,问她:"你还生气吗?"

妇人说:"我只为我自己生气,我怎么会到这地方来受这份罪。"

"连自己都不能原谅的人又怎么能远离抱怨呢?"高僧说完拂袖而去。

过了一会儿,高僧又问她:"你还生气吗?"

"不生气了。"妇人说。

111

高调做事低调做人

"为什么?"

"生气也没用。"

"你的怨气并未消失,还积压在心里,爆发后将会更加剧烈。"高僧说完又离开了。

当高僧第三次来到门前时,妇人告诉他:"我不生气了,因为不值得气。"

高僧笑道:"还知道不值得,可见心中还有衡量,还是有气根。"

妇人问高僧:"大师,什么是怨气?"

高僧没有回答,只是将手中的茶水倾洒于地,说道:"什么是怨气?怨气便是别人吐出而你却接到口里的那种东西,你吞下便会反胃,你不看它时,它便会消散了。"

妇人沉思良久,终于领悟了真谛,对大师说道:"刚刚我有怨气吗?好像没有吧。"大师笑道:"看来你真的领悟了。"说罢,开锁而去。

在漫长的人生旅途中,我们要承担着许多的义务和责任,由此就会衍生出无数的烦恼与忧愁,也就难免有这样或那样的痛苦让人心生抱怨。抱怨是一种心病,是一种习惯,要想化解它,重要的是学会自我调节,维持心理平衡。生命是美好的,它对每个人都是平等的,关键就在于如何把握生活,享受生活。用满面愁容来面对生活,生活会让你越发的满面愁容;用微笑来面对生活,即使在寒冷的冬天也会感到生活的温暖,漆黑的午夜也会看到黎明的曙光。

05 人,要靠自己

任何时候,都要靠自己,无论是身处逆境还是顺境,无论是开创事业还是经营家庭,只有靠自己,才能获得成功,获得幸福。

在社会实践中,一些人缺乏坚持自己信念的勇气。如果你坚持自己的信念,相信谁也无法动摇你。一个人必须具有追求成功的执著与坚持地性格才行,否则就会因为没有自信而失败。

罗马纳·巴纽埃洛斯是一位年轻的墨西哥姑娘,16岁就结婚了。在两年当中她生了两个儿子,丈夫不久后离家出走,罗马纳只好独自支撑家庭。但是,她一心想谋求一种令她自己及两个儿子感到体面和自豪的生活。

于是,她带着一块普通披巾包起全部财产,跨过里奥兰德河,在得克萨斯州的埃尔帕索安顿下来,并在一家洗衣店工作,一天仅赚1美元,但她从没忘记自己的梦想,即要在贫困的阴影中创建一种受人尊敬的生活。

于是,口袋里只有7美元的她,带着两个儿子乘公共汽车来到洛杉矶寻求

高调做事低调做人

更好的发展。她开始做洗碗的工作,后来找到什么活就做什么,拼命攒

钱,直到存了400美元后,便和她的姨母共同买下一家拥有一台烙饼机及一台烙小玉米饼机的店。

她与姨母共同制作的玉米饼非常成功,后来还开了几家分店。直到最后,姨母感觉到工作太辛苦了,这位年轻妇女便买下了姨母的股份。

不久,她经营的小玉米饼店铺成为全国最大的墨西哥食品批发商,拥有员工300多人。

她和两个儿子在经济上有了保障之后,这位勇敢的年轻妇女便将精力转移到提高她美籍墨西哥同胞的地位上。

"我们需要自己的银行。"她想。后来她便和许多朋友在东洛杉矶创建了"泛美国民银行"。

这家银行主要是为美籍墨西哥人所居住的社区服务。如今,银行资

产已增长到2200多万美元,这位年轻妇女的成功确实来之不易。

他们说:"美籍墨西哥人不能创办自己的银行,你们没有资格创办一家银行,同时永远不会成功。""我行,而且一定要成功!"她平静地回答,结果她真的梦想成真了。

她与伙伴们在一个小拖车里创办起他们自己的银行。可是,到社区销售股票时却遇到另外一个麻烦,因为人们对他们毫无信心,她向人们兜售股票时遭到拒绝。

他们想知道:"你怎么可能办得起很行呢?""我们已经努力了十几年,总是失败,你知道吗?墨西哥人不是银行家呀!"

但是,她始终不放弃自己的梦想,努力不懈。如今,这家银行取得伟大成功的故事在东洛杉矶已经传为佳话。后来她的签名出现在无数的美国货币上,她也由此成为美国第三十四任财政部长。

你能想象得到这一切吗?一名默默无闻的墨西哥移民,却胸怀大志,后来竟成为世界上最大经济实体的财政部长。

历史和现实告诉我们,没有一个习惯等候帮助、等着别人拉扯一把、等着别人的钱财或是等着运气降临的人,能够真正成就大事的。只有抛弃每一根拐杖,破釜沉舟,依靠自己,才能赢得最后的胜利。

06　为自己搭建实现理想的平台

无论你的理想多么远大,都要首先给自己搭建一个实现理想的平台,只有这样,理想才不会成为空中楼阁。

约翰是世界上最伟大的推销员之一,他曾经创下了一年推销1425辆汽车的世界纪录。他是靠什么取得成功的呢?

高调做事低调做人

约翰很小的时候,随父母从意大利搬到了美国。他的父亲是个修车工,于是把家安在了美国的汽车城底特律,并在一家汽车厂做零工,收入很低。约翰和家人过着很贫苦的生活,他不得不经常到修车厂打工来给自己挣零花钱。就这样,约翰对汽车有了很感性的认识,并开始慢慢地喜欢上了汽车,他没事的时候就开始钻研汽车知识,靠自己的自学和修车厂工作的经历,约翰也成了一个修车能手。

从学校毕业后,父母知道约翰对车在行,就建议他到修车厂工作。可是约翰却并不这么想,虽然约翰家的生活有所改善,可是还是属于穷人一类,约翰想改变这种现状,想赚更多的钱。可是他什么也没有,不过凭借约翰的努力和对汽车的精通,一家汽车销售公司录用了他,这种工作比他在修车厂的难度大多了,可是约翰知道,只要自己努力,一定能给自己带来比在修车厂多得多的回报。

一种生活的压力和对财富的渴求,使约翰开始拼命地工作,早出晚归,拜访大量的客户。他成功了,两年后,约翰就成了汽车界最有名的推销员。

正是这家汽车销售公司为约翰提供了一个发挥自己智能的平台,约翰也凭自己的努力取得了成功。

如果你现在还在人生的十字路口徘徊,那么不要再犹豫,给自己寻找一个平台，也许刚开始这个平台并不是很适合你，但是你可以通过它来让自己得到锻炼，从而有更多的选择机会，如果你觉得你现在的平台开始制约你或是不能容纳你，那么请给自己寻找个更大的空间吧。

每一天，我们都面临各种各样的诱惑，或者是懒惰、自我放纵，或者是邪恶。责任感和勇气的力量使我们不惜牺牲任何世俗的利益来抵制这些诱惑。真正的快乐和幸福是工作和劳动的果实，而不是粗心大意、游手好闲和平庸者的报酬。一个人，如果真正考虑过他的人生目标，那么，可以令人信服地说，他的行动是他唯一有能力支配的东西，这种能力不是别的，而是人人都具有的生命的本能。

你还记得《爱丽丝漫游奇境记》中，爱丽丝碰见笑笑猫的那一幕吗？爱丽丝面前有两条路，她不知道该走哪一条。

"我该走哪一条？"她问笑笑猫。

"你想上哪？"笑笑猫回答道。

"哦！其实是没关系的。"爱丽丝说。

"那么你走哪条都一样了。"笑笑猫笑道。

一个人过去或现在的情况并不重要，将来想要获得什么成就才最重要，除非你对未来有理想，否则做不出什么大事来。目标是对于所期望成就的事业的真正决心，目标比幻想好得多，因为它可以实现。

一个年轻女人和一个顾问有这么一段对话：

"你认为若要走出目前的生活，你得去读一个硕士学位？"顾问问道。

"是呀！"年轻女人说，"但等我拿到硕士学位后，我都30岁了，我没办法等那么老才开始事业。"

"但你不读硕士学位，不是也会30岁吗？"

这位顾问说得不错。到了30岁，这女人因没学位，依旧守在她不喜欢的工作上，更加无望回学校了。她把注意力放在四周的环境上，而不是在长期目标上。这种不成熟的表现是目前年轻人的通病。

高调做事低调做人

如果临渊羡鱼,又怕湿脚,一辈子对事业、情感浅尝辄止,轻飘飘地来,轻飘飘地去,最后将一无所获。要想获得钓鱼的欢乐就必须到江边。一辈子不想耕耘的人,永远没有收获。

07 全力以赴,追求完美

坚持向极限挑战,那么无论你做什么事,都能游刃有余。

美国著作家威廉·埃拉里·钱宁说:"劳动可以促进人们思考。一个人不管从事哪种职业,他都应该尽心尽责,尽自己的最大努力取得不断地进步。只有这样,追求完美的念头才会在我们的头脑中变得根深蒂固。"

安逸的环境常常容易使人满足,人一旦满足于现状,就会停滞不前,平淡地度过一生。大凡有所作为的人,都有很多特质,不轻易满足就是其中之一。如果是一个跑1万米的长跑运动员,那么他每次训练肯定都超过1万米,他必须不断向极限挑战,才能在正式比赛中取得好的成绩。如果一项工作,需要七天完成,那么你能不能在六天甚至五天就将它完成呢?这就是向极限挑战。坚持向极限挑战,那么无论你做什么事,都能游刃有余。

西华·莱德先生是个著名的作家兼战地记者,他曾在1957年4月的《读者文摘》上撰文表示,他所得到的最好忠告是"继续走完下一里路"。他在书中写到:

"在第二次世界大战期间,我跟几个人不得不从一架破损的运输机上跳伞逃生,结果迫降到缅印交界处的丛林里。如果要等搜救队前来援救,至少要好几个礼拜,那时可能就来不及了,我们只好自己设法逃生。我们唯一能做的就是拖着沉重的步伐往印度走,全程长达70多千米,必须在

第四章 坦然接受生活的考验,愈挫愈勇

八月的酷热和季风所带来的暴雨的双重侵袭下,翻山越岭、长途跋涉。"

"才走了一个小时,我的一只长筒靴的鞋钉就刺到另一只脚,傍晚时双脚都起泡出血,像硬币那般大小。我能一瘸一拐地走完 70 千米吗?别人的情况也差不多,甚至更糟糕,他们能不能走呢?我们以为完蛋了,但是又不能不走,好在晚上找个地方休息,我们别无选择,只好硬着头皮走完下一里路……"

"当我推掉原有的工作,开始专心写一本 25 万字的大书时,一直定不下心来写作,差点放弃我一直引以为荣的教授尊严,也就是说几乎不想干了。最后不得不记着只去想下一个段落怎么写,而非下一页,当然更不是下一章了。整整 6 个月的时间除了一段一段不停地写以外,什么事情也没做,结果居然写成了。"

"继续走完下一里路"的原则不仅对西华·莱德很有用,对我们每一

高调做事低调做人

个人都很有用。

  造物主赋予我们每个人一种突出的才能,也许你有管理的才能、绘画的天赋、写作的悟性、思考的资质等等。无论你的特色是什么,都不要把自己藏起来,你应该积极地把你的才能发掘出来,并发挥得淋漓尽致。

  世界上没有做不成的事,只有做不成事的人。作为一个优秀的员工,凡是别人已经做到的事情,我们即使面临的困难再大,也一定要做得更好;凡是别人认为做不到的事情,我们即使遇到挫折,也要继续拼搏直至取得成功;凡是别人还没有想到的事,我们不仅应该想到,而且一定要敢为人先,迅速行动。

  要敢于去追求似乎不可能做到的业绩目标,唯有如此才能拒绝平庸、追求完美。

08　永葆进取心

  伟大的基本原则都包含在大多数人永远不会去注意到的最普通的经验中,同样的,真正的机会也经常藏匿在看来并不重要的琐事中。

  人生如逆水行舟,不进则退。因为社会是不断发展的,你不进步,别人就会超越你,你自然就落后了。拥有强烈的进取心,你就会更积极地学习,更认真地工作,对别人更加负责任。只有进取心才是永恒的动力,才是竞争的优势,才是前进的保障。

  彼得从厨艺学校毕业后,到巴黎一家星级大酒店的餐饮部工作,由于餐饮部里大厨很多,彼得也做不出上得大场合的大菜,所以他只能在餐饮部当下手,或者是做一些点心和水果拼盘。

  无论早晨、中午还是晚上,因为水果拼盘是免费配送的,所以需要的量就比较大,后来彼得就专门被安排来做水果拼盘,渐渐地彼得练就了一套绝活,他不仅水果削得很漂亮,而且还可以摆出很多不同的花色出来。

一天,一位长期包住酒店的贵夫人品尝了他做的甜点后,觉得不仅美观而且味道也可口,就特意要求见见彼得。彼得很激动,觉得终于有人欣赏自己的成果了。彼得见到贵夫人后,心想,她一定品尝过很多美味的小吃,于是请贵夫人指点还有什么需要改进的地方。贵夫人看着彼得说,已经很好了,不过要是能去掉果核而又让人看不出来,就更好了。

彼得觉得贵夫人给自己提了个很好的建议,于是他开始认真的摸索,两周后,彼得终于成功了。他先去掉果核,再把两只苹果的果肉天衣无缝地放进一只苹果中,显得很丰满,吃起来也很香。

贵夫人是酒店的尊贵客人,每次来她都让彼得给她做这道点心,还夸

高调做事低调做人

他不仅虚心,而且很有创意。

酒店里年年裁人,却从来也裁不到彼得。职场就是战场,如果你想保住自己的饭碗,那就要想办法使自己成为不可或缺的人。

一个下雨天的下午,有位老妇人走进匹兹堡的一家百货公司,漫无目的地在公司内闲逛,很显然是一副不打算买东西的态度。大多数的售货员只对她"瞧上一眼",然后就自顾自地忙着整理货架上的商品,以避免这位老太太去麻烦他们。其中一位年轻的男店员看到了她,立刻主动地向她打招呼,很有礼貌地问她,是否有需要他服务的地方。这位老太太对他说,她只是进来躲雨罢了,并不打算买任何东西。这位年轻人安慰她说,即使如此,她仍然很受欢迎。他主动和她聊天,以显示他确实欢迎她。当她离去时,这名年轻人还陪她到街上,替她把伞撑开。这位老太太向这位年轻人要了一张名片,然后径直走开了。

后来,这位年轻人完全忘了这件事情。但是,有一天,他突然被公司老板召到办公室去,老板给他看一封信,是一位老太太写来的。这位老太太要求这家百货公司派一名销售员往苏格兰,代表该公司接下装潢一所豪华住宅的工作。

这位老太太就是美国钢铁大王卡耐基的母亲,她也就是这位年轻店员在几个月前很有礼貌地护送到街上的那位老太太。在这封信中,卡耐基母亲特别指定这名年轻人代表公司去接受这项工作。这项工作的交易金额数目十分庞大。这名年轻人如果不是热情有礼地招待这位不想买东西的老太太,那么,他将永远不会获得这种极佳的晋升机会了。

一个尽职尽责、按时完成份内工作的员工仅仅是一名称职的员工而已,称不上是优秀员工,更不能说他热爱自己的工作或事业。他的一生会比较平凡,甚至可能平庸。一个真正出类拔萃、有所作为的员工,必会积极进取,不安于现状。他工作不只是为了薪水,更是为了创造更高的价值,为了在工作过程中寻求自己能力的提升,并获得更多人的认可,得到更多的支持与信任,他们不但能获得上司的加倍重视,还能赢得更多的朋友和追随者。

09 珍惜眼前,别被过多的想法所累

学会把握现在,就是充分地体验幸福。

生活中,有人活得很累、很沉重,有人却活得很轻松、很潇洒。活得累的人,是因为有外物的牵绊,自己为自己设牢笼,向心灵上加压。活得轻松的人,是因为他们能摆脱自我的限制,不受外物的牵绊,完全获得了心灵的自由。心灵自由,自然觉得轻松、舒坦。

英国著名的医生威廉·奥斯汀曾经就是这样的一个人,生活中充满了忧虑,担心有没有通过期末考试,担心自己究竟该做些什么,该到哪里去,怎样开始自己的事业,怎样才能生活得更好……

然而这一切都因一句话而改变了,1871年春天,他拿起了一本书,看到对他一生有莫大影响的一句话:"不要去幻想远方模糊不清的东西,从身边最清楚的事情做起。"这句话使他成为当地最有名的医学家,创建了著名的约翰霍金斯医学院,成为牛津大学医学院钦定的讲座教授,这在当时被认为是英帝国医学界最高荣誉,他还曾经被英帝国皇帝册封为爵士。

也许你会认为有这么多头衔的奥斯汀爵士肯定有特殊的头脑,其实不然。他说他的一些好朋友都知道,他的脑筋是最简单不过了。

那么,他成功的秘诀是什么呢?就是那句改变他命运的话,"不要去幻想远方模糊不清的东西,从身边最清楚的事情做起。"在他去耶鲁

高调做事低调做人

大学演讲的几个月前,他乘一艘很大的海轮横渡大西洋时,看见船长站在驾驶舱里,按下一个按钮,发出一阵机械运转的声音,船的几个部分就立刻隔绝开来,隔成几个完全防水的隔舱。奥斯汀爵士对那些耶鲁的学生说:"所有的人的组织都要比那条大海轮精美得多,所要走的航程也更远得多,我要劝各位的是,你们也要学着怎样控制一切,而活在一个完全独立的今天里面,才是在航程中保证安全的最好方法。到舵房去,你会发现那些大的隔舱至少都可以使用,按下按钮,注意聆听你生活的每一个层面,用铁门把过去隔断——隔断已经逝去的那些昨天;按下另一个按钮,用铁门把未来也隔断——隔断那些尚未确定的明天。这回你就保险了,你有的仅是今天。埋葬昨天,就让它消失掉吧;阻隔明天,就让它在那里等待吧。其实会把傻子引向死亡之路的昨天和那些永远等待的明天才是今天最大的障碍。要把未来像过去一样紧紧地关在门外,未来就在今天,没有明天这个东西,人类得到的永远是今天。那么,就把船后的大隔舱关掉吧,准备养成一个好习惯,生活在完全独立的今天里。"

他还继续说道:"为明天准备的最好方法,就是要集中你所有的智慧和头脑,所有的热情,把今天的工作做得尽善尽美,这就是我们应付未来的唯一办法。"

一定要为明天打算,要小心地考虑、计划和打算。千万不要去担心忧虑那些渺茫的事情,否则它会把你拖垮的。

在作战时,军事领袖一定要为将来计划,可决不允许有任何焦虑和担心。指挥美国海军的海军上将耐斯特·金丁说:"把我们最好的装备,供应给最好的人手,再交给他们去做。我所能做的也就只有这些。"金丁上将继续说道,"若是一条船沉了,我不能把它捞起来。要是船再往下沉,我也挡不住。我把时间花在解决明天的问题上总比为昨天的事情后悔好得多了,我若是为这些事情烦心的话,我坚持不了多久。"

随着社会逐渐的复杂化,人的心理也跟着复杂起来,凡事总是顾虑重重,如果不能很好地处理,不良的心理经过长期的积压对人的身体健康非常的不利。我们要剔除掉心里的繁华想法,归还人的简单纯洁心态,过一种健康快乐的生活。

底特律城的艾文斯恰恰就是在无意中学会了把握现在,做手头最清楚的事情。艾文斯从小出生在一个贫困的家庭,长大后卖过报纸,当过杂货店的店员,这些职位薪水都很低。后来她谋到一个图书管理员的职位,一干就是 8 年。8 年后她才鼓足勇气开始创业,刚开始,一年就赚两万美金。之后不久,厄运就接踵而至:她替朋友背负一张面额很大的支票,而她的朋友却破产了,再就是自己存钱的那家银行倒闭了。她的精神受不了这样的打击,先是萎靡不振,后来就病倒在床,甚至医生都下了最后的通知书,最多只能活两个礼拜。她大吃一惊,写好遗书,

高调做事低调做人

然后放松下来,躺在床上等死。连续几个礼拜几乎无法入睡的她在卸下所有的包袱之后居然如婴儿般睡得安稳。那些疲倦的忧虑也消失了,胃口也好多了,体重也开始增加。几个礼拜之后,她竟然奇迹般地好起来了。于是她重新找工作上班。每天把所有的时间、精力和热情都放在工作上。

艾文斯的工作进展得很快,不到几年,她就又拥有了自己的公司。可是如果艾文斯不懂得生活在今天里的话,那么她就不可能有今天的胜利。

人出现各种各样的心理反应是很正常的,但如果让不良的情绪长久停留在我们的心里就会影响我们的身心健康。

学会把握现在,就是充分地体验幸福。不必为生活对我们的吝啬而抱怨,也不必一味地苛求生活。谁都想做生活的主宰,但事业的失落、人际的惆怅、情感的破裂、亲情的疏离、病魔的折磨、死神的光临,让人无法也不能逃避,换一种思维去接受这一切不如意或是不幸,让崭新的明天代替昨天的忧伤与灾难,相信任何事物都是一个过程,世间所有的事物都会改变,不变的是永恒的日月星辰。这样,或许我们从痛苦中体验到的是对幸福和快乐加倍的感激。

10　成就事业就要有自信

自信,是对自我力量充分肯定的心理。在人生的道路上,每个人都渴望成功,成功的秘诀就是自信心。

每个人都有一件非常珍贵的东西,那就是自信。艾默生说:"自信,是使人走向成功的第一秘诀。"如果说你真正建立了自信,那么你就已经迈向了成功的大门。自信会使你创造奇迹。古往今来,每一个伟大的人物在其生活和事业的旅途中,无不是以坚强的自信为先导。拿破仑就曾宣称:"在我的字典中,没有不可能的字眼。"这是何等豪迈的自信。正是因为他的这种自信,激起了无比的智慧和巨大的潜能,才使他成为横扫欧洲的一代名将。

只有相信自己,才能激发进取的勇气,才能感受生活的快乐,才能最大限度地挖掘自身的潜力。

美国博士罗伯·舒乐曾经当众大胆发表宣言:"我要为美国建造第一座水晶教堂。"他的同僚都认为他一定是疯了,但他却自信地说:"无论需要多长时间、多少金钱,只要我去做,没有做不成的。中国的寓言故事《愚公移山》不也是这样吗?"经过几年的努力,罗伯·舒乐终于在加州建立了一座水晶教堂。他高兴地笑了,那笑里透出一股自信与成功的喜悦。

自信,是一种感觉。人们拥有了这种感觉,才能怀着坚定的信心和希望,开始伟大而光荣的事业。自信能孕育信心,你能通过充满信心的活动使别人对你的意见产生信心。

居里夫人在巴黎求学时,过着艰苦的生活,但是她并不气馁。她说:"我们应该有恒心,尤其要自信!我们必须相信,我们的天赋是要用来做某种事情的,无论代价多大,这种事情必须做到。"正是这种自信,居里夫人发现了自然界中的放射源"镭",成为最早获得诺贝尔奖的女性。

由此可见,自信已经成为人们成就伟业的先导。具有自信心的人,可以化平庸为神奇,化渺小为伟大,创造出惊天动地的业绩。

一位女作家在二十几岁时,就已经有作品出版。可是,她依然自卑感十足。因为她有点胖,她总觉得衣服穿在任何人身上都比在自己身上好看得多。

每当出席宴会时,她总要在出发之前打扮几个小时,可是一走进宴会厅,看到在座的各位女士都花枝招展的样子,又自卑起来,感到自己打扮得一团糟。

一次,她被邀请去参加一个宴会。在门外遇到另一位年轻女士,年轻

高调做事低调做人

的女士问她:"你也是要进去参加宴会的吗?"

她微微一笑,扮了个鬼脸道:"大概是吧!"年轻的女士继续说:"我一直在附近徘徊,想鼓起勇气进去,可是我很害怕,总担心别人会议论我什么。"

她十分不解,站在有光照映的台阶上看着她,觉得她很漂亮,比起自己来要好得多。她坦言:"我也害怕。"双方相视一笑,紧张的情绪不翼而飞。

她们走向前面人声嘈杂、情况不可预知的地方,在彼此的相互鼓舞下,开始和别人谈话。这是一次很好的锻炼机会,女作家第一次觉得自己已经不再扮演局外人的角色了,而是成为这群人中的一员。

俗话说:"人不自信,谁人信之"。建立自信,应该从相信自己、赏识自我做起。相信自己,是对自己的认可和支持。"我能行""我也会成功",积极地自我暗示,能够激起强烈的成功欲望,在战胜困难、实现目标的过程中,表现出果敢的勇气和必胜的信念。阿基米德曾经说过:"给我

第四章 坦然接受生活的考验，愈挫愈勇

一个支点，我就能够撬动地球"，这是多么豪迈而自信的语言。自信，能够唤醒沉睡的潜能。

年轻的企业家李某，现已是某省一家颇有名气的投资公司老板，拥有资产上亿元。前不久他又投资该省最大的世贸中心大楼。这么年轻的企业家，干这么大的事业，没有自信是绝对不成的。有人问，他的自信会不会是天生的？他自己也说："没有人生下来就自信，我现在的成功和我一路的艰苦努力、不屈不挠的闯荡、奋斗分不开，每次小的成功都能给我更大的信心去干下一件事。"

人的一生，可能会碰到许多困难，因此，可能会使我们丧失信心。每当遇到这种情况，我们就要冷静地想一想，不妨自己跟自己谈谈，给自己施加一点压力，一旦说服了胆怯的自己，征服了懒惰的自己，就能坚定信心，走向成功。

第五章

学会忍耐，低调做人

真正聪明的人懂得权衡利弊，他们重视大利，不夺小利，当争则争，当忍则忍。忍受暂时的屈辱，磨炼自己的意志，寻找合适的机会，正是一个成功者所必不可少的心理素质。只有忍受自己遭遇的不公，才能保全自己的名利。

高调做事低调做人

01 善于察言观色

善于察言观色的人都应该具备丰富的阅历,有丰富的知识和经验。

出门时,我们大家都非常注意天气的变化,如果天气炎热,你会穿较薄的衣服;天气寒冷,你便会穿暖和的棉衣;阴雨的天气,通常人们都会带伞出行;假如天气状况十分糟糕,大多人都不会选择这样的天气出门,可见人们都知道根据天气变化的情况来做出行的准备工作。但很多人却忽视了交往中"天气"的变化情况,不会察言观色。给自己的交际带来许多不利因素。智者往往善于从交往对象的面部表情来了解其内心的情绪变化,以做出相应的交际措施,而愚者却不善此道,十有八九会把事情弄得很糟,甚至使自己的利益受到损害。

面对合作伙伴,面对老板上司,面对竞争对手,面对主管领导,面对公司同事,我们都应该学会察言观色。通过他们的一些表情、举动、言语,可以从中分析判断出有用的信息。

一家知名大公司招聘,三轮选拔过后,百名应征者还剩下 10 位,最终将留用 5 个,因此,第四轮总裁亲自面试。奇怪的是,面试考场出现了 11 个考生。

当总裁发出疑问时,坐在最后一排的一个男子站起身:"先生,我叫薛瑞,在第一轮就被淘汰了,但我想再参加一次面试。"在座的应聘者都笑了,就连站在门口闲看的那个老人也笑了。总裁饶有兴趣地问:"你第一关都过不了,来这儿还有什么意义呢?"薛瑞说:"我掌握了很多财富。"大家觉得此人要么太狂妄,要么是脑子有毛病。薛瑞说:"我有 9 年工作经验,曾在 15 家公司任过职……"总裁打断他:"先后跳槽 15 家公司,我不

132

欣赏。"薛瑞站起身："先生,我没有跳槽,而是那15家公司先后倒闭了。"一个应聘者说："你真是个倒霉蛋!"薛瑞反驳道："我不倒霉,我只有30岁。相反,我认为这就是我的财富!"

站在门口的老人走进来,给总裁倒了一杯茶。薛瑞继续说："我很了解那15家公司,我曾与大伙努力挽救它们,虽然不成功,但我从它们的失败与错误中学到了许多东西。"薛瑞离开座位,"与其用10年学习成功经验,不如用同样的时间研究错误与失败;别人的成功经历很难成为我们的财富,但别人的失败过程却能!"薛瑞忽然回过头来,一边转身一边说："这10年经历的15家公司,培养、锻炼了我对人、对事、对未来的敏锐洞察力。就像我发现真正的考官,不是您,而是这位倒茶的老人……"全场10位考生哗然,惊愕地盯着倒茶的老人。那位老人笑了,说："你第一个被录取了,因为我急于知道我的表演为何失败。"

高调做事低调做人

薛瑞凭什么能看出倒茶的老人就是总裁呢？就因为他在 15 家公司工作中所锻炼出来的超强的阅历,如此多的经验,让他一眼识破了老板的真身。他看出这位老人举止仪态大气沉稳,透着一股成功人士的自信,况且这样一位气度不凡的老人怎么可能还只是一个服务人员呢！

如果我们每个人都能察言观色,及时地改变先前的决定,及时地把自己的言行进行恰当组合、分解,那么,办事的成功率一定会很高。

02 多结交比自己优秀的人

事业成功的人,有赖于结交比自己优秀的朋友,不断地使自己力争上游。

好的朋友不仅可以使我们生存在一定的精神高度,同时也可以使我们感到温馨和自由自在。朋友对事业的发展有举足轻重的作用,有时甚至会超乎我们的想象。

多结交比自己优秀的人可以在你茫然无助的时候,为你指点迷津；当你一蹶不振的时候,使你重新振作；当你忘乎所以的时候,能让你清醒冷静；当你急需要帮助的时候,还能给你雪中送炭。有了这些人的相助,你的人生和事业才会插上腾飞的翅膀,在无垠的蓝天遨游。

美国有一位名叫阿瑟·华卡的农家少年,在杂志上读了某些大实业家的故事,很想知道得更详细些,并希望能得到他们对后来者的忠告。

有一天,他跑到纽约,也不管几点开始办公,早上 7 点就到了威廉·亚斯达的事务所。

在第二间房子里,华卡立刻认出了面前那体格结实、长着一对浓眉的人是谁。高个子的亚斯达开始觉得这少年有点讨厌,然而一听少年问他:

"我很想知道,我怎样才能赚得百万美元?"他的表情便柔和并微笑起来,俩人竟谈了一个钟头。随后亚斯达还告诉他该去访问的其他实业界的名人。

华卡按照亚斯达的指示,遍访了一流的商人、总编辑及银行家。

在赚钱这方面,他所得到的忠告并不见得对他有所帮助,但是能得到成功者的知遇,却给了他自信。他开始仿效他们的成功做法。

又过了两年,这位 20 岁的青年成为他学徒的那家工厂的所有者。24 岁时,他是一家农业机械厂的总经理,为时不到 5 年,他就如愿以偿地拥有百万美元的财富了。这个来自乡村粗陋木屋的少年,终于成为银行董事会的一员。

华卡在活跃于实业界的 67 年中,实践着他年轻时来纽约学到的基本信条,即多与对自己有益的人结交。会见成功立业的前辈,能转换一个人

高调做事低调做人

的机遇。

有一些人总想靠自己的真本事打天下,不依靠任何人,其实这样做是行不通的,当然也不是不可以,只是太辛苦,容易走弯路。许多年轻人总是孤傲地拍着胸脯对自己说,吃点苦算什么,全不把别人的提醒当回事。在打拼的过程中才认识到,成就一番大事业原来是这么困难,于是就会丧失信心,一蹶不振。

怀特是美国印第安纳州小乡镇上的铁道电信事务所的新雇员,16岁时他便决心要独树一帜,27岁他当了管理所所长。后来,他先到西部合同电信公司工作,接着成为俄亥俄州铁路局局长。当他的儿子上学就读时,他给儿子的忠告是:"在学校要和一流人物结交,有能力的人不管做什么都会成功……"

你也许会觉得这句话太庸俗。把有能力的人作为自己的榜样并不可耻。朋友与书籍一样,好的朋友不仅是良友,也是我们的老师。

年轻人之所以容易失败,是因为不善于和前辈交际。第一次世界大战中法兰西的陆军元帅福煦曾说过:"青年人至少要认识一位善解世故的老年人,请他做顾问。"

萨加烈也说了同样的话:"如果要求我说一些对青年有益的话,那么,我就要求你时常与比你优秀的人一起行动。就学问而言或就人生而言,这是最有益的。学习正当地尊敬他人,这是人生最大的乐趣。"

结交比自己优秀的朋友,能促使我们更加成熟,缩短成功的时间,更重要的是能够增加你成功的筹码。人生的道路充满艰辛,所幸的是,我们会在人生的道路上遇到一些能够提携、帮助我们的比我们优秀的人。

人生的大部分的朋友都是偶然得来的,或者由于和他们住得很近,因而相识;或者是以未曾预料的方式和他们相识了。结交朋友虽出于偶然,但朋友对于个人进步的影响却很大,交朋友必须经过郑重的考虑之后再决定。

总之,事业成功的人,有赖于结交比自己优秀的朋友,不断地使自己力争上游。多结交一些比自己优秀的人,对自己绝对有益无害,他们的睿智并不会将你的优点掩盖,反而会让你不断进步,也成为一个优秀的人,助你走向成功。

03 没有绝对的朋友,也没有绝对的敌人

不论是在商界还是在其他领域,有能力做有效沟通的人才能真正激励别人,也才能将好点子转化为行动,这也是所有成功的基石。

现代社会,人际关系越来越纷繁复杂。朋友多了路好走,大多数人都能以诚相待、互相帮助。但也有一些人,为了达到自己的利益,不惜利用感情投资来骗取对方的信任,完成自己不可告人的目的。

我们应该辩证地看待友情,为曾经的对手打开和平的大门,只要条件成熟了,敌人也能变成朋友。要时刻树立没有绝对敌人的观念,任何人都有可能变成自己的朋友。

一个年轻人到汤姆的公司上班,因为是自己的朋友推荐的,汤姆也比较重视,就经常交给这个年轻人一些比较重要的任务,年轻人也都能顺利完成,他在平时的工作中也比较敬业,这些都被汤姆看在眼里。

汤姆觉得这个年轻人不错,打算培养他。渐渐地,汤姆把这个年轻人提到了自己的身边工作,经常跟他商议公司的发展,甚至让这个年轻人掌握公司一些重要的内部资料。

这个年轻人的前途应该是很好的,可是年轻人并不这样想,他有自己更大的野心——篡夺汤姆的公司!因为他的平步青云,很多公司的下属

高调做事低调做人

都主动拉拢和他的关系,这正合他的心意,慢慢的这个年轻人在公司铺了一张很大的关系网,但由于汤姆对他很信任,并没有察觉到这些变化。

机会终于来了,汤姆有笔很大的业务,需要出差一个月,于是便将公司交给这个年轻人打理。正是这段时间,年轻人开始了蓄谋已久的计划,他和汤姆的朋友联合,找了汤姆的竞争对手,收购了汤姆公司的大部分股权。

当汤姆回来后,简直不敢相信,公司董事会的主席已变成了那个年轻人,好在汤姆处变不惊,经过调查后才知道是他的朋友和这个年轻人联合起来夺取他的公司。

为了挽回自己的公司,汤姆一方面贷款反收购自己的公司,一方面联合其他几家合作伙伴对竞争对手施压,再加上亲自劝说他的竞争对手,经过这些艰难的努力,公司保住了,可是汤姆也付出了太大的代价。

汤姆这才深刻的认识到,不能轻易相信一个人,即使是你的朋友。

我们要随处小心,不要因为一时的友谊而解除了武装,要知道最残酷的战争可能就在这里爆发。没有绝对的朋友,也没有绝对的敌人。

罗斯福深得其子女的爱戴。有一次,罗斯福的一位老友垂头丧气地来找罗斯福,诉说他的小儿子居然离家出走,到姑母家去住了。这男孩本来就桀骜不驯,这个父亲把儿子说得一无是处,又指责他跟每个人都处不好。

罗斯福回答说:"我一点儿都不认为你儿子有什么不对。不过,一个人如果在家里得不到合理的对待,他总会想办法从其他方面得到的。"几天后,罗斯福无意中碰到那个男孩,就对他说:"我听说你离家出走,是怎么回事?"

那男孩回答:"是这样的,上校,每次我有事找爸爸,他都会发火。他从不给我机会讲完我的事,反正我从来没有对过,我永远都是错的。"

罗斯福说:"孩子,你现在也许不会相信,不过,你父亲才真正是你最

好的朋友。对他来说,你是这世上最重要的人。"

"也许吧!上校,不过我真的希望他能用另一种方式来表达。"接着罗斯福去告诉那位老友,发现令其惊讶的事实,老友果然正如其儿子所形容的那样暴跳如雷。于是,罗斯福说:"你看!如果你跟儿子说话就像刚才那样,我不奇怪他要离家出走,我还觉得奇怪他怎么现在才出走呢?你真是应该跟他好好谈一谈,多了解他、多理解他的想法才是。"

古今中外,大凡有高深修养的人从不高高在上,他们在功成名就之后,反而更加平易随和,在言行上更加严格要求自己。位居高位的人常常受众人关注、议论和评判,如果此时能以低调的姿态俯就众人,以亲和的语言善待众人,做到位尊而不自矜,权重而不自傲,功高而不自居,名显而不炫耀,就一定能赢得众人的拥戴,人心的归附。

有时候,我们要变换一下思维,学会有所筛选,认清哪些人不值得做

高调做事低调做人

朋友,哪些人可以做朋友,要不断结交新的朋友,把过去的敌人变成朋友,这样才能立于不败之地。

04　别封死了自己的后路

要建立信任的关系,促使他人与你合作,尊重他人是最好的途径。

每个人的智慧、经验、价值观、生活背景都不同,因此与人相处,不管是利益上的争斗,或是是非的争斗,都在所难免。因此,适时地给自己留条后路无疑是一种明智的选择。

小狗在草地上匆忙地行走着,它必须在天黑之前赶回家,因此选择了一条不是很熟悉的小路。看得出,小狗走了不少的路,显得很疲惫,这时从一旁窜出了一只狐狸,"朋友,看你挺累的,我背你,我也走这条道。"狐狸对小狗说。小狗看狐狸很热情,也不好拒绝,就爬到了狐狸的背上。

走了很长一段距离,小狗也得到了很好的休息,小狗看见狐狸也挺累

的,就不好意思地对狐狸说:"朋友,我来背你。"狐狸趴到小狗的背上,走着,走着,小狗停了下来,它的脚陷入了沼泽。狐狸纵身一跃,跳了过去,

回头对小狗说:"谢谢你,这就是我刚才背你的原因。"

小狗突然有种说不出的感觉,只好停在那里,不敢动,等待救援。

因此,当有人对你表示友好时,要更加小心。要建立信任的关系,促使他人与你合作,尊重他人是最好的途径。

富兰克林在青年时代,有一天,一位老教友把他喊到一边,诚恳地告诉他:"你常常凭着你自己的情感去攻击人家的错误,这是不对的。你的朋友感到你不在的时候是十分快乐的,因为,他们觉得你知道得较多,所以没有谁敢对你说话,怕被你反驳得哑口无言。你想,这样下去,你将失去你的朋友,你将不会比现在知道得更多了,实际上,你知道的也仅仅是一点而已。"

富兰克林听了这些话,觉得自己若不痛改前非,那将永远交不到真正的朋友,得不到别人对他的帮助和与他的合作了。所以他就定下了一条规矩,不用率直的言词来做肯定的论断,而且在措词方面竭力地避免去抵触他人。

不久,他觉得这种改变了的态度有着很大的好处,和人家谈起话来愈来愈融洽,而且这种谦逊的态度,极易使人接受,即使自己有了说错的地方,也不会让人感到下不了台。

多给自己留条退路就相当于给自己多上了一道保险。做人千万不能太绝,多给别人留条路,正是给自己留一条路。如果真有本事讲出一番道理来,以理服人,让人敬重,这才是真本领。

05　说话办事讲究策略

人与人之间的交往,在很大程度上就是心与心的交流。

高调做事低调做人

人人都会说话,人人都在办事,但结果却是大相径庭,有的圆满完成,有的却南辕北辙。所以我们在说话办事的时候,如果想在"毫发无损"的情况下达到自己的目的,就要讲究"策略"问题。绕过层层障碍,避免更多碰撞,顺利到达终点,才是我们追求的终极目标。

第二次世界大战时,丘吉尔趁圣诞节时来到美国,他的目的只有一个,希望和美国结盟,共同对德作战,以扭转英国不利的危险局面。

可是,当时的美国人对英国人并没有多大好感,大多数人都反对政府介入战争。丘吉尔想用手段来征服美国人根本不可能。

于是,他用自己真实的情感和魅力来打动美国人的心,使美国人得以信服,使他们同意支持政府援助英国。

"我远离祖国,远离我的家,在这里欢度这一年一度的佳节。但确切地说,我并不觉得寂寞和孤独,或者是因为我母亲的血缘关系,或许是因为在过去许多年的充满活力的生活中我在这里得到的友谊,或许是因为我们伟大的人民在事业中所表现出来的那种压倒一切其他的友谊的情感,在美国的中心和最高权力所在地,我根本不觉得自己是个外来者。我们的人民和你们讲着同样的语言,有着同样的宗教信仰,还在很大程度上追求着同样的理想。我所能感到的是一种和谐的兄弟间亲密无间的气氛……因此,我们至少可以在今晚把那些困扰我们的各种担心和危险搁置一边,并在这个充满风暴的世界里,为我的孩子准备一个幸福的夜晚,那么,此时此刻,在今天这个夜晚,讲英语的世界中的每个家庭都应该是一个亮光普照的幸福与和平的小岛。"

丘吉尔从两国人民共同的语言、宗教信仰、理想以及长期的友谊入手,将这些共同点作为彼此相信、相互了解的基础提出来,用讲英语的家庭都应该过一个和平安详的圣诞节这样的语言,打动了美国人民的心,他的讲话具有很强的震撼力,使美国人民不得不信服他。

林肯竞选总统的时候,也有很多人反对他,如果他用一些政治手段来征服反对他的人民和政敌,那么即使胜利了也只是暂时的,当时的美国也处于政治极不稳定时期,尤其是种族矛盾和南北双方的政治冲突。而林肯正是用他的伟大和朴实的人格使反对他的人信服。

他的演讲词是这样的:"南伊里诺斯州的同乡们,肯塔基州的同乡们,密罗里州的同乡们,听说在场的人群中,有些人想和我为难,我实在不明白为什么要这样做,因为我也是一个和你们一样爽直的平民。为什么我不能和你们一样有发表意见的权力呢?亲爱的朋友,我并不是来干涉你们的人,我也是你们中间的一个,我生于肯塔基州,长于伊里诺斯州,和你们一样是从艰苦的环境中挣扎出来的。我了解南伊里诺斯州和肯塔基州的人,我也了解密罗里州的人,因为我是你们中间的一个,而你们也应该更清楚地认识我。如果你们真的认识我了,你们就会了解我,知道我不会做对你们不利的事。同乡们,请不要做蠢事,让我们以友好的态度交往。我立志做一个世界上最谦和的人,绝不会干涉任何人。我现在对你们诚恳要求的,只是请求你们允许我说几句话。"

人与人之间的交往,在很大程度上就是心与心的交流。

中国有句俗话:到什么山上唱什么歌,见什么人说什么话。让你的话合乎人心,给人如沐春风之感,自然柔和亲近。办事要善于洞察人心,见机行事,刚柔并济,从而使你办事水到渠成。如果说话不经过大脑就脱口而出,得罪人是小事,更重要的是要办的事情也会"无疾而终"。

06　要给对方台阶下

如果你不想招致别人的仇视、怨恨的话,切勿损伤他人的面子。

高调做事低调做人

　　面子对于每一个人来说,都是非常重要的。俗话说:"人活一张脸,树活一张皮。"要学会保住别人的面子,这是人际交往中的一条基本原则。可以说,你每给别人一次面子,就可能会增加一个朋友;你每驳别人一次面子,就可能失去一个朋友。

　　1961年6月,英国退役陆军元帅蒙哥马利访问中国。在洛阳参观访问时,他由中国外交部工作人员陪同,在街上散步。走到一个小剧场,他好奇地闯了进去。台上正在演豫剧《穆桂英挂帅》,蒙哥马利了解到剧情之后,连连摇头,说:"这个戏不好,怎能让女人当元帅?"

　　中方陪同人员解释:"这是中国的民间传奇,群众很爱看。"蒙哥马利说:"爱看女人当元帅的男人不是真正的男人,爱看女人当元帅的女人不是真正的女人。"

　　在英国人的观念中,"人类的文明是从尊重女性开始的",男人应该为女人上前线拼命,岂能让女人以柔弱之躯应付战争?

　　中方人员未考虑到蒙哥马利的观念,不服气地说:"我们主张男女平等,男同志办到的事女同志也办得到。中国红军里就有很多女战士,现在解放军里还有位女将军。"

　　蒙哥马利说:"我一向对红军、解放军很敬佩,但不知道解放军里还有一位女将军,如果真是这样,会有损解放军声誉的。"

中方人员针锋相对地反驳说:"英国女王也是女的。按英国政治体制,女王是英国国家元首和全国武装部队总司令,这会不会有损英国军队的声誉呢?"蒙哥马利一下子被噎住了。

事后,中方人员向周恩来总理汇报了这件事,没想到周总理严肃批评说:"你讲得太过分了,你解释说,穆桂英挂帅是民间传奇,这就行了。你不同意他的看法,也不必非得去反驳他!你做了多年的外交工作,还不懂求同存异?弄得人家无话可说,就算你胜利了?"

接着,周恩来总理审阅为蒙哥马利安排的文艺节目单,看到没有蒙哥马利最喜欢的杂技和口技,却有一出折子戏《木兰从军》,便说:"瞧,又是一个女元帅!幸亏知道蒙哥马利的观念,不然他会以为我们故意刺激他呢。"随即吩咐撤掉这出折子戏,另外增加杂技、口技等节目。

周恩来总理的安排平息了蒙哥马利的怨气,使他挽回了面子,两人的友谊与两国的友好关系都得到了进一步的加强。

无论是谁都爱自己的面子,如果在批评别人的时候能巧妙、含蓄地提醒别人注意自己的错误,而不是直截了当、毫不留情地批评,会收到意想不到的效果。保全别人的面子,不仅不会招致别人的痛恨,更重要的是能够达到批评的目的,得到意想不到的收获。

07　友谊是事业的精神支柱

一个人在社会中发展了一个良好的交际网络,就好像在冰天雪地的寒冬获得了一缕阳光,在干涸孤寂的沙漠寻觅到一片绿洲。

当今,人人都离不开交际,交际靠的是交际能力。有些人不善交际,所以处处感到别扭,仿佛到处都是路障;有些人则不同,他们善于观察,巧

高调做事低调做人

  妙自如地在社交圈里驰骋纵横。其实,社交场是磨炼人的战场,有些人利用社交,磨炼出了人生智慧,打了一个又一个胜仗。

  中国有个成语叫"孤掌难鸣",具体到社会交际,意思是一个人不可能离开群体而独立生存,必须有一个良好的交际氛围做支撑,这就是我们说的社交。

  英国著名的小说家笛福曾经写过一部发人深省的小说《鲁滨逊漂流记》。小说里的主人公鲁滨逊,形单影只地流浪在一个荒凉寂寞的孤岛上,不与外界接触,孤苦伶仃地过日子。在万般无奈之中,在他灵魂的深处深深地呼唤着与人的交往,渴望着得到世人的帮助与同情。痛苦之中,与人联系是他梦寐以求的渴望。他用良知呼唤着:"啊!哪怕只有一个人从这条船上逃出生命,跑到我这里来,也好让我有一个伴侣,有一个同类的人说说话儿,交谈交谈啊!"后来,他从野人那里救出了"星期五",再后

来又救出了"星期五"的父亲和一个西班牙人,岛上不再是他自己那孤苦伶仃的身影。相反,原先的孤岛变成了人流络绎不绝的天地。鲁滨逊成了这个岛的主人,小小的一个岛成为一个汇聚人流的小社会。

从故事中我们可以看出:没有朋友,没有志同道合的人做伴侣,这个人是不幸的。他得不到真正的幸福,得不到世人的理解与关爱。一个人只有将自己投入到社会大家庭,拥有一个良好的交际圈,才能顺利打开人生的棋局。

某报纸曾刊载着这样一件事情:

一位刚刚迈出大学校门的青年,在社会的风霜雪雨中艰难地行走。面对人生的坎坷,他内心不由地滋生出一种孤独感。

有一次,他突发奇想:如果在当地较有影响力的报纸上刊登一则"寻友启事",找到与自己志同道合的朋友,那该多好啊!简简单单的一个想法,囊括了这位学生的最大心愿:渴望拥有一个良好的交际氛围,从而把自己从孤独寂寞的局面中解救出来。

在某地曾经发生过这样一件事情:

一位年轻的姑娘无缘无故悲惨地死去了,她在留给亲人们的遗书中这样写道:"我的死不怨任何人,只因为考入大学之后,不知道为什么陷入一种孤独寂寞之中。我希望能够得到别人的关爱与理解,但却得不到理解;我希望得到真挚的友谊,可友谊却与我擦肩而过。因此,我很高兴到极乐世界去寻找我的安慰了。"

几乎所有成功者、成功学研究者和人际关系领域的研究专家都一致认为:人脉是获得成功的重要资源,处理人际关系的能力是成功者的必备素质。一个人处理人际关系的能力越强,积累的人脉资源越多,成功的速度也就越快,建立的事业也就越大。

鲁迅先生曾经这样说过:"人生得一知己足矣!"这句话道出了交际的可贵之处。俗话说:"相识满天下,知心能几人。"一个人在社会中发展

高调做事低调做人

了一个良好的交际网络,就好像在冰天雪地的寒冬获得了一缕阳光,在干涸孤寂的沙漠寻觅到一片绿洲。在社会中发展,人们之间的相互理解、相互关爱以及相互信任、体贴,可以帮助你渡过一个又一个难关。在社交中凝聚的友情会比爱情更隽永、更真诚。

一个人的生命旅途如果没有人际关系做支撑,那么,他的前程就会茫然无措,没有友谊,孤寂冷落的心灵就不会得到寄托。没有人缘的人是世界上最痛苦的人。

善于交际的人,总是在不断地主动扩大自己的交际范围,不断给自己制造与他人交往的机会,主动通过各种途径去寻找适合自己的朋友。营销学里常提到人际关系的几何倍增效应。当你认识一个新朋友的时候,就等于加入了他的社交圈子,就有机会认识他的朋友。接着,你就有机会认识他朋友的朋友……如此循环下去,你就能认识一批人,并且还能将这种交往圈子不断扩大。随着时间的推移,你便能结识许多各行各业的朋友。

总而言之,没有真正的友谊,就得不到世人的理解与关爱。只有将自己投身到社交洪流中,开拓一个良好的交际圈,自己才不至于悲观冷落、忧郁彷徨,才能在残酷的社会竞争态势中立于不败之地。换句话说,拥有了良好的社会关系,就拥有了成功人生的资本。

08 人与人之间要保持一定的距离

最亲密的友谊和最强烈的憎恨,都是过于亲近的缘故。

里凡洛尔有句名言:"最亲密的友谊和最强烈的憎恨,都是过于亲近的缘故。"

世界上任何一种事情都有自己的规则,交友也是,若不懂交友之道,

第五章 学会忍耐，低调做人

常常会把一种本来就脆弱的关系搅得很尴尬。距离是维持朋友关系最重要、最微妙的空间，一旦空间被挤压，友谊的大厦就会倒塌。如果不善于调整距离，恨不得朝朝暮暮泡在一起，这便犯了交友的大忌。朋友之间长久相处的秘诀就是距离，而不是频繁的接触，人的感情就像刺猬一样，靠得太近就会相扎，离得远一些才会有一些牵挂。孔子说过，"近之则不逊，远之则怨。"这就需要我们保持一个度。

如果两个人真的兴趣爱好都很相似，且有共同的追求和人生目标，那么可以结交为朋友。但不要错误地认为朋友就可以无话不谈，把距离一下子拉得很近。俗话说，距离产生美。如果真的很近，甚至没有距离时，友谊也许就不是你想象的那样了。它会朝着相反的方向发展。物极必反，这是一条普遍适用的规律。如果他不愿接你的电话，那就说明你太过热情，让他感觉喘不过气来，不舒服。

朋友是这样，人与人之间更是如此。太过亲密的人际关系，让人感觉你这人很随便也很随意。时间一长，别人更会认为你很软弱甚至是懦弱，做事情缺乏主见，人云亦云，没有自己的独立见解。这样会使你的人际关系变得很糟。如果你的人际关系太过疏远，给人一种盛气凌人的感觉，那么别人会认为你傲慢，孤芳自赏，不合群。这样的话，别人也会瞧不起你，孤立你。

美国心理学家斯坦博曾经针对亲密与疏远的程度做了一项调查，女性之间较比男性之间的关系要亲密一些；恋人或者夫妻的关系较一般异性之间的关系要亲密一些；异性之间的关系要比同性之间的关系亲密一些；性格外向的人要比性格内向的人之间的关系要亲密一些；地位低的人要比地位高的人之间的关系要亲密一些。其实，社交礼仪专家以及一些学者、教授也无法很清楚地把这关系说明白，只是认为人与人之间交往应该要有个度。

我们常会看到这样的故事，男孩女孩从小青梅竹马，一起上学、一起

高调做事低调做人

成长,成了无话不谈、亲密无间的好朋友,他们之间没有距离没有秘密,仅有着兄弟姐妹般的情感,彼此之间也有了一种依恋。可是人总会长大,总会恋爱结婚过自己的生活。有一天,一个人站在另一个人面前说:"我要结婚了。"这时听的人就会突然觉得失去了什么,精神无所寄托。这样彼此之间便造成了最深的伤害。所以,异性之间一定要保持距离,对己对人都有利。

刺猬法则说的就是这样一个十分有趣的现象:在寒冷的冬季,两只困倦的刺猬因为寒冷而拥抱在了一起,但是由于它们各自身上都长满了刺,紧挨在一起就会刺痛对方,所以无论如何都睡不舒服。因此,两只刺猬就分开了一段距离,可是这样又实在冷得难以忍受,于是它们又抱在了一起。折腾了几次,它们终于找到了一个比较合适的距离,既能够相互取暖又不会被扎。这也就是我们所说的在人际交往过程中的"心理距离效应"。

人与人之间的距离不管怎么样都应该保持一个度。俗话说,距离产生美。每个人都需要一个能够把握的自我空间,它犹如一个无形的"气泡"为自己划分了一定的"领域",而当这个"领域"被他人触犯时,人便会觉得不舒服、不安全,甚至开始恼怒。

人与人之间的交往,一定要把握好分寸。尽管我们有着良好的愿望,希望自己所拥有的人际关系亲密度越高越好,但还必须记住"亲密并非无间,美好需要距离"。

09　让人需要而不是感激

只有你适时的无私地给别人帮助,才让人觉得真诚与可贵,别人也会更加珍惜。

中国有句俗话:"与人方便,自己方便。"没有人会去主动博得别人的同情,只有你适时的无私地给别人帮助,才让人觉得真诚与可贵,别人也会更加珍惜。

在一个公司里,汉斯是汤姆森的下属。汤姆森平时对部门员工的要求很严厉,甚至有些过分,这让下面的员工难以忍受,汉斯也不例外。经常能听见同事们对汤姆森的抱怨。

一次,汤姆森因为一笔大的业务没有处理好,犯了个错误,被公司降级了,这让汤姆森也感到很沮丧。这下好了,他以前的下属现在变成了他的同事,嘘声一片,大多数人对汤姆森采取落井下石的态度,很少有人搭理他。汉斯却例外,他知道汤姆森对工作是极其认真的一个人,所以并不计较过去的事,开始主动与汤姆森聊天,甚至一起工作,汉斯知道,汤姆森现在需要的哪怕只是小小的关心,也能让他感到一些安慰。

一次,汉斯无意中得知汤姆森要搬家,于是主动前去帮忙,这些都使汤姆森觉得很温暖,他也把汉斯当成自己的朋友看待。汉斯并不觉得有什么特别,他知道这也许是自己应该做的。

汤姆森从这次挫折中也学会了很多,他也开始改正以前一些不好的习惯。一年以后,汤姆森时来运转,因为工作能力突出,他被调到了总公

高调做事低调做人

司,而且还升了职,汤姆森到总公司任职不久,就将汉斯调来当了自己的助手。生活中类似的事情也许每天都在上演,在别人需要的时候给别人帮助,你得到的也许不仅是一份真诚的友谊。

一个双目失明的盲人在晚上打着灯笼赶路。有个路人很奇怪地问他:"你本来双目失明,灯笼对于你来说一点用处也没有,为什么还打灯笼呢? 不怕浪费灯油吗?"盲人听了他的话,慢条斯理地答道:"因为在黑暗中行走,别人往往看不见我,我便很容易被撞倒,而我提着灯笼走路,灯光虽然不能帮助我看清前面的路,却能让别人看见我,这样,我就不会被别人撞倒了。"这位盲人用灯光为别人照亮了本是漆黑的路,为他人带来了方便,同时他也因此保护了自己,正是"帮助别人就是帮助自己"。

你种下什么,收获的就是什么。播种一个行动,你会收到一个习惯;播种一个习惯,你会收到一个个性;播种一个个性,你会收到一个命运;播种一个善行，你会收到一个善果；播种一个恶行，你会收到一个恶果。

10　善待你周围的人

唯有善待员工才是现代企业最好的管理方法。

交际是一门艺术，不是人人都能轻易地掌握它。同样身份、同样条件的两个人，在与人交往的过程中，可能就因为运用的交际方式不同，产生天差地别的效果。与人交往，首先要真诚。只有真诚地对待别人，别人才会真诚地对待我们，要多站在他人的角度考虑问题，多为他人着想，这样才能交到更多的朋友。如果你待人和善，谦虚诚恳，那么即使你做错了什么，你周围的人也会谅解你，甚至会帮你补过，将坏事变成好事。

爱别人就等于爱自己，伤害别人也就等于伤害自己。如果你想要快乐，想要幸福，就一定要善待你周围的人。你周围的人就是你的命运，你快乐他们就快乐；你痛苦他们也痛苦。对他人宽容，就是对自己宽容；对他人苛刻，就是对自己苛刻。

现在，大多数企业都坚持以人为本的用人原则。大多数领导也都能做到关心员工、善待员工，不让员工吃亏。他们已经认识到企业的经营说到底是人的经营，员工是推动企业在市场经济竞争中能否取得最后成功的决定因素。以人为中心的人本管理客观上要求企业的管理者必须有虚怀若谷的品质才能管理好自己手下的员工。

美国一会计师事务所首席执行官，在谈到员工流动与企业绩效时指出："员工的流动和企业业绩是有很大关系的。你对员工越好，他留在公司的时间就越长，员工的流动率就越低，因而对员工的培训与发展的支出也就越低，企业拥有的熟练工就越多，市场竞争中他们的价值也就越大，

153

高调做事低调做人

从而给企业带来的收益就会越多。员工是企业利润的创造者,企业是利润的收益者和享受者。如果企业获得利润,给员工一定的回报,员工自然就有了干劲儿,也会自觉自愿地爱岗敬业,从而调动员工的积极性和能动性。员工有了积极性和能动性就能给企业创造更多的价值,企业也就能获得更多的利润。不让员工吃亏,员工就会有创造效益的激情。算好了这笔账,经营者就能从繁杂的事务管理中解脱出来,集中精力搞经营、拓市场。"

然而,有些企业一说到管理就想着怎样束缚员工,给员工制定这样或那样的制度条例,固执地以为惩罚制度严厉了,员工就听话了,也愿意干活了。殊不知长此以往会使员工缺乏主人翁精神,给多少钱干多少活,不给钱就不干。每天踩着点上班踩着点下班。就现代企业管理而言,制度自然不可缺少,但是,任何制度都是人制定的,应体现以人为本。唯有善待员工才是现代企业最好的管理方法。

小王所在的公司是一家合资企业,一向以守法经营、诚信为本著称。按公司的劳动合同规定,当公司在员工合同期未满而单方面与员工解除劳动合同时,必须向该员工支付 1500 元的解职费用。可是,当公司真的要解雇一名员工时,公司的人力资源部主管就会找该员工谈话,软硬兼施地有时甚至撒谎,目的却只有一个——让该员工自己提出辞职申请,不少员工由于缺乏法律意识或者为顾全面子问题不得不同意这种做法。公司由此可以节省每人 1500 元的解职费用。公司的人员总数不少,公司时时以各种借口解雇一些员工以减轻运营成本,这种隐秘的"抠"法日积月累下来,竟然为公司"赚"取了一大笔解雇费。后来,一名被解职的员工大胆举起法律武器来维护自己的权利,控告该公司,此事经媒体曝光之后,公司名誉一落千丈,数十年建立起来的品牌形象一下就毁掉了。

可见,这家公司的管理者是多么得愚蠢、不理智。他们只把目光盯在眼前的利益上,殊不知这样做,捡了芝麻却丢了西瓜。仅为省下点钱,却把自己多年来的品牌形象都给砸了。

美国通用电气公司在田纳西州某市有一个生产冰箱压缩机的工厂,在这个工厂里,工人们都在有条不紊地工作,各干各的,没有人说话偷懒。它的人力资本比国外竞争者的人力资本每小时要高15美元,但是它的生产成本却比国外竞争者低了20%。是什么使得这个企业取得了史无前例的成功,而它的竞争对手却业绩下滑呢?经过调查,他们确保企业赢利的法宝是:以正确的态度对待员工,令员工满意,并因此带来了丰厚的回报。然而,善待员工不应是"亡羊补牢"的举措,而是决定企业成败,应该事先策划的经营战略之一。当企业的管理者们开始重视以人为本的管理哲学,那么他们离成功也就不远了。

刘桂雪倡导的"以人为本、善待员工""业绩文化""团队文化""学习型文化""人性化管理"等先进的管理理念推动了企业转机建制、搬迁改造和生产经营工作顺利实施,使大连电瓷有限公司焕发了生机,出现了欣欣向荣的局面。

美国华盛顿有一家开关总厂,约翰·派玛是这家开关总厂的大股东。自工厂创办以来,效益一直不是特别好。不久,工厂进行改制,在改制过程中,"以人为本、善待员工"得到了最好的检验。在工厂改制过程中,员工最关心的是其改制后的安置。对此,派玛先后多次在工厂有关会议上

高调做事低调做人

郑重地向员工做出了三项承诺，一是工厂不借改制之机裁员。凡是愿意到转制后的公司工作的员工都将继续留用，工厂真心希望这些员工能够跟随到新厂，继续为新厂的发展作出贡献；二是追求员工利益和股东利益的最大化。当员工利益与股东利益发生冲突时，必须把员工利益放在首位。这是推行"善待员工"理念必须坚持的原则；三是以"善待员工"作为工厂发展的永恒主题，成为新的企业文化的精髓所在。无论是现在还是将来，"善待员工"的理念将永恒不变。新厂成立后通过更加具体的措施全面实践"善待员工"理念，使之更丰富、更具体、更人性化。这"三项承诺"既维护了职工的切身利益，又稳定了职工队伍，鼓舞了人心，深得全体员工的拥护和支持。

改制后的工厂，把追求经济效益的最大化和员工利益的最大化视为企业的价值观。以这样的价值观为基础，引导员工以自己的业绩体现自己的价值；工厂也将以业绩为准绳，对员工的价值进行评估、衡量，从而把工厂和员工的利益紧密地联系在一起，构成一个利益共同体。

企业"尊重"员工，不仅充分体现企业"以人为本"的管理理念，更能强化工作中员工的自尊，有效地促进员工的自我管理、自我要求和自我提升，使管理与被管理者之间的关系更加和谐与融洽，从而达到管理的最高境界。这也必将是未来对知识型员工管理的必然法则。

善待他人就是善待自己。任何一个人的存在，都是以别人的存在为前提、为条件的，一个人只有善待他人，自己才能存在。一个善待别人的人才真正是人，才具有人的尊严和神圣，才在社会生活中享有人的资格与权利。所以，善待他人实际是在善待自己，是在不停地为自己创造和争得人的尊严、资格、神圣和权利；是在不断地向社会、向世界证明自己具有人的尊严、资格、神圣和权利。

11 得饶人处且饶人

面对别人的错误,有时,宽容比惩罚更有力量。

宽恕,是一种高尚的美德。"相逢一笑泯恩仇"是宽恕的最高境界。事实上这一美德做到的人并不多,即便如此,我们也不应放弃这种追求,因为舍去对别人过失的怨恨,以宽容的心态对人,以宽容的胸怀回报社会,是一种利人利己,有益社会的良性循环。屠格涅夫说过:"生活中,不会宽容别人的人,是不配收到别人的宽容的。"所以,当你宽容了别人,在自己有过失或错误的时候也往往能够得到他人的宽恕。

有一个女子在行路中吐口痰,因风的作用而把痰刮到一个小伙子的裤子上,该女子看到后慌忙道歉,并从包里掏出面巾纸要擦去小伙子裤上的痰,但小伙子恼怒得不肯让她擦去痰,并声言:"你给我舔去!"女子再三赔礼:"对不起!对不起!让我给你擦去好吗?"但小伙子执意不让擦,就是让她给舔去,这样争执下去,街上围来越来越多看热闹的人,有的跟着起哄打哨闹着、笑着,无论女子怎么说"对不起",也无法使小伙子原谅她,非让她舔去不可。最后惹得女子大怒,从包里掏出一沓钱来,大约有一两千元,当场喊道:"大家听着,谁能把这个家伙当场摆平了,这些钱就归谁!"话音刚落,人群中闪出两个健壮的男人,对着那不依不饶的小伙子就是一阵拳脚,刚刚还非常神气的小伙子被踢翻在地不知东南西北,等他站起来再找那女子时,那女子早已扬长而去。

得饶人处且饶人,凡事都要留点余地,不可过分,宽恕毕竟是人生最大的美德。学会宽恕别人,就是学会善待自己。仇恨只能永远让我们的心灵生活在黑暗之中;而宽恕,却能让我们的心灵获得自由,获得解放。

高调做事低调做人

宽恕别人,可以让生活更轻松愉快;宽恕别人,可以让我们有更多的朋友。

做了对不住人的事,心里有愧疚,能向人家赔礼道歉,人家气不顺说几句,这是理所当然的。反过来,有人做了对不起你的事,人家赔礼道歉了,只要无大碍,就不要得理不饶人,非掰扯不可,甚至故意报复。真要是那样,反而没了理。

待人宽厚是一种美德。事情本来不大,就要得饶人处且饶人,而且要做到得理也要让三分。中国传统美德讲恕道,讲究"推己及人""己所不欲,勿施于人",能原谅人也是一种美德。

有一次,一位老大爷骑车被从路旁小胡同中冲出来的一个骑车女孩子撞倒了。那个女孩子对着倒在马路上的老人大声埋怨:"你骑车也不瞅着点儿!"路旁行人看不惯,纷纷指责那女孩子:"别说是你把老大爷撞倒了,就是你没责任,也该先扶起老大爷看撞着哪儿了吧?"说得那女孩子不得不过去扶起老大爷,小声说:"对不起。"那老人站起身,活动活动,说:"疼点没事儿,你下回可得小心了!你要没撞着哪儿就快走吧!"看看,和气多好。

俗话说,人无完人,每个人都难免会偶有过失,因此每个人都有需要别人原谅的时候。但奇怪的是,每个人对自己的过错,往往不如他人看得那样严重。大概是因为我们对自己犯错的背景了解得很清楚,对于是自己的过错就比较容易原谅,我们应该"以恕己之心恕人",对于别人所犯的错误更应给予体谅。

人要能站到高处,往开处想,便能理解别人,宽恕别人。看着像是"窝囊",其实那是人格的完美高尚!带来的那种崇高美感,是一种千金难买的精神享受。

一头大象,在森林里行走,不小心踏坏了老鼠的家。大象很惭愧地向老鼠道歉,可是,老鼠却对此耿耿于怀,不肯原谅大象。

一天,老鼠看见大象躺在地上睡觉,心想:机会来了,我要报复大象,至少我可以咬一口这个庞然大物。

但是,大象的皮特别厚,老鼠根本咬不动。这时,老鼠围着大象转了几圈,发现大象的鼻子是个进攻点。

老鼠钻进大象的鼻子里,狠劲地咬了一口大象的鼻腔粘膜。

大象感觉鼻子里一阵刺激,它猛烈地打了一个喷嚏,将老鼠射出好远,老鼠被摔个半死。半天,老鼠才从地上爬起来,它忍着浑身剧烈的伤痛,对前来探望它的同类们说:"你们一定要记住我的惨痛教训,得饶人处且饶人!"

人非圣贤,孰能无过。犯了错误倘若不给他改过自新的机会,就会激化矛盾,造成不良后果。宽以待人是门艺术,掌握了这门艺术,你也许会取得意想不到的收获。面对别人的错误,有时,宽容比惩罚更有力量。

高调做事低调做人

古时,有一人因筑墙和邻居发生纠纷,于是给朝中做大官的哥哥写信,希望其兄用权势摆平这事。其兄见信后给弟回书曰:"千里寄书为一墙,让他三尺又何妨?万里长城今犹在,不见当年秦始皇。"其弟见信后,幡然醒悟,主动礼让对方三尺,对方也礼尚往来让出三尺地方,两家从此和睦相处。这就是流传至今的"六尺巷的故事",也是古代礼让三分、睦邻友好的典范。

宽容,能让自己紧张的心情放松。生气,是拿别人的错误惩罚自己,而宽容则是自我解放的一种方式。如果一个人始终生活在埋怨、责怪、愤怒当中,那么他不仅得不到本应属于他的快乐、幸福,甚至会让自己变得冷漠、无情和残酷,后果是很可怕的。

曾经有位留美归国的硕士应聘到一家贸易公司上班,他不但学历高,且口才极佳,业务能力也强,因此在会议中屡展头角。可每当他听到其他同事提出一些较不成熟的企划案,或是某些时候得罪到他时,他却总会毫不客气地破口大骂。在他观念里,这样并无不妥!因为这一切都是"师出有名",如果不是别人有误在先,也轮不到自己开炮。

然而,他的态度却让自己在同事间成了只孤鸟。没过多久,他就选择离开了公司。当然,并不是因为他的能力欠佳,而是迫于人际的压力。一直到他离职前,他还不断地问自己:"难道我的观点错了吗?难道我发的脾气是没有道理的吗?"

有一句名言:"人不讲理,是一个缺点;人硬讲理,是一个盲点。"在日常生活当中,给对方一个台阶下,少讲两句,得理饶人;否则,不但消减不了眼前这个"敌人",还会让身边更多的朋友因而胆怯,疏远你。留一点余地给那些得罪了我们的人,是我们该学习的美德,该培养的"习惯"。

历史上还有一个这样的故事:汉代公孙弘年轻时家贫,后来当上丞相,生活依然十分俭朴,吃的饭只有一个荤菜,睡觉盖的仍是普通棉被。大臣汲黯因为他这样,就向汉武帝参了一本,批评公孙弘位列三公,有相当可观的俸禄,却只盖普通棉被,实质上是装模作样、沽名钓誉,目的就是为了骗取俭朴清廉的美名。

汉武帝便问公孙弘:"汲黯所说的都是真的吗?"公孙弘回答道:"汲黯说得一点没错。满朝大臣中,他与我交情最好,也最了解我。今天他当着众人的面指责我,正是切中了我的要害。我位列三公而只盖棉被,生活水准和普通百姓一样,确实是故意装得清廉以沽名钓誉。如果不是汲黯忠心耿耿,陛下怎么会听到对我的这种批评呢?"汉武帝听了公孙弘的这一番话,反倒觉得他为人谦让,就更加尊重他了。

公孙弘面对汲黯的指责和汉武帝的询问,一句也不辩解,还全部都承认,这是一种智慧。汲黯指责他"使诈以沽名钓誉",无论他如何辩解,旁观者都已先入为主地认为他也许是在继续"使诈"。正因为公孙弘深知这个指责的分量,所以他才采取了十分高明的一招,就是不作任何辩解,承认自己沽名钓誉。其实,这是表明自己至少"现在没有使诈"。由于"现在没有使诈"被指责者及旁观者都认可了,也就减轻了罪名的分量。公孙弘的高明之处,还在于对指责自己的人大加赞扬,认为他是"忠心耿耿"。这样一来,便给皇帝及同僚们这样的印象:公孙弘确实是"宰相肚里能撑船"。既然众人有了这样的心态,那么公孙弘就用不着去辩解是不是沽名钓誉了,因为自己的行为不是什么政治野心,对皇帝构不成威胁,对同僚构也不成伤害,只是个人对清名的一种癖好,无伤大雅。

当对方无理,自知吃亏时,你的"理"明显占过对方,不妨给他留一点余地,他就会心存感激,来日也许还会报答你。就算不会图报于你,也不太可能再度与你为敌。

多一些宽容,人们的生命就会多一份空间;多一份爱心,人们的生活就会多一份温暖,多一份阳光。当你用宽容换来自己内心的豁达,用宽恕换来敌人的微笑,你难道不是把最好的留给自己了吗?

12　人在屋檐下，一定要低头

如果学会隐忍而后动的低调人生哲学，在人生道路上你将会收获更大的成功。

忍让是一种美德。朋友的误解，亲人的错怪，流言制造的是非，讹传导致的轻信……此时恼怒不会春风化雨，生气无助雾散云消，只有一时的忍让才能帮助你恢复应有的形象，得到公允的评价和赞美。

20世纪50年代，许多商人知道于右任是著名的书法家，纷纷在自己的公司、店铺、饭店门口挂起了署名于右任题写的招牌，以招揽生意，其中确为于右任所题的却极少。一天，于右任一个学生匆匆地来见老师："老师，我今天中午去一家平时常去的羊肉泡馍馆吃饭，想不到他们居然也挂起了以您的名义题写的招牌！而且字写得歪歪斜斜，难看死了。"正在练习书法的于右任，放下毛笔然后缓缓地说："这可不行！"

于右任沉默了一会儿。顺手从书案旁拿过一张宣纸，拎起毛笔，龙飞凤舞地写了"羊肉泡馍馆"几个大字，落款处则是"于右任题"几个小字，并盖了一方私章。

于右任缓缓地说："这冒名顶替固然可恨，但毕竟说明他还是瞧得上我于某人的字，只是不知真假的人看见那假招牌还以为我于大胡子写的字真的那样差，狗屎不如，那我不是就亏了吗？我不能砸了自己的招牌，坏了自己的名！所以，帮忙帮到底，还是麻烦老弟跑一趟，把那块假的给换下来。"转怒为喜的学生拿着于右任的题字匆匆去了。

与人相处，不时会遇到他人犯有小错，这也许会冒犯你的利益。如果不是大的原则问题，不妨一笑了之，显出一些大家风范。大度诙谐有时比

横眉冷对更有助于问题的解决。对他人的小过不与追究,实际上也是一种忍让的态度,有的时候,这种忍让会使人没齿难忘。

地里的麦穗,挺着笔直的腰杆、抬头看天的都是少产的;相反,在夕阳下害羞地低下头、随风摇摆的才是籽粒饱满的。有些人刚刚取得一点成绩,就目空一切,整天看着自己头上的光环,却忘了看好脚下的路。

张群是一位初学写作的文学青年,花了半年时间写了一篇小说,信心十足地来到编辑部,没想到一个编辑看后直摇头,当着很多人的面说:"你这写的是什么?连句子都不通,哪儿像小说?……"说得他满脸通红,当时就想回敬一句:"你仔细看了吗?"可是,他忍住了,反而以请教的口气说:"我是第一次写小说,还希望老师给予指正。"

从编辑部回来他没有泄气,反而更加发奋,写成后又去找这个编辑。这一次编辑的态度也变了,提了一些修改意见。后来小说发表了,他和编

高调做事低调做人

辑也成了好朋友。

从交际的角度出发，把握好度，就能在交际场上左右逢源，游刃有余。年轻人应该在现实生活中试着学会低头，学会认输。其实这并不难，最简单的办法就是学会脸皮"厚一点"——这并不是不要尊严，而是要把握适当的度，保持最佳的弹性空间。

"人在屋檐下，不得不低头"。有志进取者，将此当作磨炼自己的机会，借此取得休养生息的时间，以图将来东山再起，而绝不一味地消极乃至消沉；而那些经不起困难和挫折的人，往往将此看成事业的尽头，或是畏缩不前，不想法克服眼前的困难，只是一味地怨天尤人听天由命。

麦当劳创始人克罗克小时候家境十分贫寒，中学都没有念完就出来做工。后来，他被一家工厂招去做了一名推销员，生活有了较大的改善。在推销的过程中，他认识了许多朋友，了解到大量与经营管理有关的知识。这一切，为他后来自己创业打下了良好的基础。

克罗克想要创办一家自己的公司。他在做了一系列的市场调查后发现，美国的餐饮业已满足不了正在变化的时代要求。人们的生活节奏越来越快，希望有更方便、快捷的饮食供应。克罗克想要开一家自己的餐馆，首先要解决的就是资金问题。克罗克做推销员的时候积攒了一点钱，但那点钱要想用来开餐馆却还远远不够。

经过几天的苦想后，克罗克决定先学习，再行动。他找到以前认识的开餐馆的麦克唐纳兄弟，希望他们能让他来做工，解决自己目前的困窘。

麦氏兄弟十分同情他，就答应了他的请求。

克罗克是推销员出身，深知老板的心理特点。为了尽早实现自己的目标，他向老板提出自己一边在店里做工，一边继续兼职做以前的推销员工作，并把推销收入的5%让利给老板。

为了获取老板的信任，克罗克非常努力地工作。他每天起早贪黑，任劳任怨，还为麦氏兄弟在餐馆经营上提出了一系列非常好的建议。比如他提出改善餐馆的营业环境,以吸引更多的顾客;提供配置份饭、轻便包装、送饭上门等一系列服务……

经过自己的努力,克罗克成了餐馆的主心骨。麦氏兄弟对他言听计从。表面上看起来餐馆还是属于麦氏兄弟的,可实际上,经营权、决策权却都掌握在克罗克手里。6年后,克罗克感到自己独立的时机成熟了,凭借这几年的信誉他借到了一笔贷款,然后与麦氏兄弟谈判,希望买下餐馆。麦氏兄弟起初不答应,但经过一番利益分析后,最终答应以270万美元将餐馆转让给克罗克。

就这样,克罗克终于有了一家自己的餐馆。这起轰动的主仆易位事件也成了当地的特大新闻。一夜之间,几乎所有的人都知道了这家店员炒老板鱿鱼的餐馆。克罗克做了餐馆真正的主人后,立刻进行了一系列改革,很快就以崭新的面貌享誉全美国。20年后,这家餐馆总资产已达42亿美元,成为国际十大知名餐馆之一。

在这个故事里,克罗克用的就是低调战术。他首先向麦氏兄弟主动示弱,然后通过自己的勤恳和敬业换来了他们的信赖,成为他们依靠的主心骨。克罗克在向麦氏兄弟贡献良策的同时,也慢慢地抓牢了餐馆的经营权,使得麦氏兄弟老板的头衔"名存实亡"。最后的一场交易,克罗克彻底吃掉了麦克唐纳快餐馆,建立了自己的麦当劳帝国。

学会低头是一种踏实的人生态度。社会就像一个金字塔,塔尖很小。但人们总是仰望它,幻想平步青云,跻身到上层。于是有些人不择手段,或许得偿所愿,不料好景不长,一个筋斗翻身落地。还不如脚踏实地做人,兢兢业业做好本职工作,一分耕耘一分收获。

有两个师范学院毕业的同学,一个被分配到农村当老师,另一个却幸运地分配到城市里当老师。

被分配到农村的小丽刚开始还满腹牢骚,认为命运对自己如此不公,农村交通不便,信息闭塞,生活单调,而且吃的也不好。于是,她在给学生

高调做事低调做人

上课的时候总是一副颓废萎靡的样子。一次,县教育局局长来听她讲课,看到她这个样子后,就找校长问明白了是怎么回事。在临走之前,局长把小丽叫过来语重心长地说:"年轻人,我也是从你这个年纪过来的,知道你心里是怎么想的。你还年轻,有很多事情可以主动去做。俗话说'种瓜得瓜,种豆得豆',只要你去做了,就会有好结果的。"

小丽深受局长"只要你去做了,就会有结果"这句话的感染,从此以后上课前认真备课,上课时认真授业,下课后认真生活,脸上经常挂着满足的笑容。工夫不负有心人,一年后小丽教的两个班的数学成绩已经是全县第一了。由于工作能力突出,小丽也被上调到城市里。

分配到城里的小强,工作轻松,工资奖金优厚,他相当满足,觉得这样过一辈子相当不错。正是由于他的这种自我满足,渐渐地对工作也不放在心上了。他不再钻研教学方法,不再备课,很多学生都把他叫做"催眠大师"。过了一段时间后,学校引进竞争机制,小强由于工作没有上进心,学校让他下岗了。

通过小丽与小强经历的对比,我们可以看出,积极乐观的心态对人的影响有多大。环境如何并不能成为我们应该消极被动的借口。环境好就自我满足、停滞不前,慢慢地就会失去活力,忘记自己当初的人生信条与职业目标,最终走向一无所成的深渊。

尼采曾说:"一棵树要长得更高,接受更多的光明,那么它的根必须深入到黑暗之中。"人生的发展过程好比树的生长过程,一个人如果渴望成功,需要把希望放在高处,行动放在低处,而不是好高骛远,眼高手低。能大能小,张缩自如,是成大事者必备的一种素质。

13　低调的人离成功最近

一个人不管取得了多大的成功,不管名有多显、位有多高、钱有多丰,面对纷繁复杂的社会,都应该保持做人的低调。

当今社会,是一个崇尚个性、张扬自我的年代,似乎只有风风光光做人、轰轰烈烈做事才能够紧随时代步伐,赢得良好的社会声誉。其实,这是一种误解。做人要懂得推销自我,只有将自己的才能和魅力充分展示出来,才能获得他人的关注和认可,才能争取到更多更大的发展空间,当今社会也确确实实地在创造各种机会鼓励和支持大家这么做。然而,这并不意味着你要时时处处张扬卖弄。这样一来,你非但不能如愿以偿,反而会弄巧成拙、事与愿违。其实,真正伟大的成就,并不是可以用这种高调张扬的手段夺取到的,只有那些选择低调的人,才能最终取得成功。能够看到这一点,需要有长远的眼光,更需要有持久的耐心。低调,看似是一种迂回的方式,事实上却离成功最近。

低调做人是成熟的标志,是为人处世的一种基本素质,也是一个人成就大业的基础。向日葵在籽粒尚不饱满的时候,镶嵌着金黄色的花瓣,高昂着头,随着太阳的东升西落而摇来晃去,唯恐别人看不到它。一旦籽粒饱满,它便会低下沉甸甸的头,因为它成熟了,充实了。选择低调地生活着的人们,正是外在需求基本满足后,向内心的回归。他们选择低调,是他们在努力营造着平常的生活形态,是他们在脚踏实地地寻找着纯粹属于自己的选择权。

美国开国元勋之一的富兰克林在年轻的时候,曾去一位老前辈的家中做客,昂首挺胸走进一座低矮的小茅屋,一进门,"嘭"的一声,他的额

高调做事低调做人

头撞在门框上,青肿了一大块。老前辈笑着出来迎接说:"很痛吧?你知道吗?这是你今天来拜访我的最大收获。一个人要想洞明世事,练达人情,就必须时刻记住低头。"富兰克林记住了,也成功了。

保持低调的姿态可以让你保持清醒的头脑,这样才能对事情做出正确的判断,不至于被得意冲昏了头脑,还可以获取他人的好感,因为大多数人欣赏的是低调为人的人,而不是沾沾自喜的人。

小张在办公室的墙上挂着他自撰自书的条幅,上写:竖起桅杆做事,砍断桅杆做人。他说这是他的一次惊心动魄的经历的结晶。

小张出生在渔民家庭,世世代代以出海打鱼为生。也许是家庭的熏染,也许是男孩的天性,他从小就喜欢海,在海边拾贝,在海里戏水,他几次请求爷爷,带他出海打鱼,可爷爷总是以他还小为借口拒绝。他懂得爷爷的心思,爷爷是怕他这根独苗发生意外。

后来,小张长大了,参加工作了,并且要远离家乡,到一个看不见海的地方。在等待行期的日子里,爷爷决定带他出一次海,一来了却他一直以来的心愿,二来让他去大海深处见识一下大海的博大,开阔开阔他的心胸,或许对他的人生会有益处。

他非常兴奋,跟着爷爷跑前跑后,做好所有准备工作之后,在一个风和日丽的日子扬帆出海了。

大海深处,爷爷教他如何使舵,如何下网,如何根据海水颜色的变化辨识鱼群。爷爷说:"大海是富有的宝库,不但有取之不尽的鱼虾,更有宽阔的胸怀,做人就应该像大海一样无私、坦荡。"小张默默地咀嚼着爷爷的话。

可天有不测风云,大海的脾气也让人捉摸不透。刚刚还晴空万里,风平浪静的海面,突然间就狂风大作,巨浪滔天,几乎要把渔船掀翻。连爷爷这样的老水手都措手不及,但他丝毫不慌张,吃力地掌着舵,以命令的口气大喊:"快拿斧头把桅杆砍断,快!"他不敢怠慢,用尽力气砍断了桅杆。

没有桅杆的小船在海上漂着,一直漂到大海又重新恢复平静,祖孙俩才用手摇着橹返航。途中,由于没有桅杆,无法升帆,船前进缓慢。他问爷爷:"为什么要砍断桅杆?"爷爷说:"帆船前进靠帆,升帆靠桅杆,桅杆是帆船前进动力的支柱;但是,由于高高竖立的桅杆使船的重心上移,削弱了船的稳定性,一旦遭遇风暴,就有翻船的危险,桅杆又成了灾难的祸端;所以,砍断桅杆是为了降低重心,保持稳定,保住人的生命,这才是最重要的。"

行期到了,小张虽然离开了爷爷,但却把爷爷的话记在了心里,那次历险也在他的心里扎下了根。他的工作非常出色,得到了大家的拥护,职务也一再升迁。他说:"做事就像扬帆出海,必须高起点,高标准,高效率,就像高高的桅杆上鼓满风帆一样;做人则要脚踏实地,无论取得多大成

高调做事低调做人

绩,尾巴也不能翘到天上,无论地位多么显赫,也不能凌驾于他人之上,否则就会失去民心,失去做人的本分,终将倾覆于人民群众的汪洋大海之中。每当春风得意之时,我总会想起那砍断的桅杆。"

低调做人的人相信:给别人让一条路,就是给自己留一条路。低调做人的人懂得:才高而不自命不凡,位高而不自傲骄矜。做人不可过于显露自己,不要自以为是,更不该自吹自擂。低调做人的人知道:要想赢得友谊,就必须平和待人;要想赢得成功,赢得世人的敬仰,就必须学会低调做人。

第六章
淡然处世，从容做人

面对人生的斗争漩涡，智者懂得绕开漩涡，首先保全自己，继而奔向自己的目标；而平庸者以为进入斗争的漩涡，只要自己不站错队伍，就能达到自己的目标，结果往往是迷失在漩涡当中。

01 拥有一颗感恩的心

　　凡事只要你对人、事、物保持一颗感恩的心,你一定会成功。
　　感恩,是结草衔环,是滴水之恩涌泉相报。感恩,是一种先付出爱心又得到爱心的回报;感恩,是一种美德,是一种境界。感恩,是值得你用一生去等待的一次宝贵机遇。
　　在一次与成功者对话的论坛上,主持人请台上的企业家谈谈自己成功的秘诀是什么。企业家沉思了片刻,然后说:"拥有一颗感恩的心。"凡事只要你对人、事、物保持一颗感恩的心,你一定会成功。

　　一位老人坐在一个小镇郊外的马路旁边。有一位陌生人开车前来这个小镇,看到了老人,他停车,打开车门,询问老人:"这位老先生,请问这是哪个城镇呢?住在这里的是哪一种人呢?我正打算搬来居住呢!"
　　这位老人抬头看了一下陌生人,回答:"你刚离开的那个小镇上的人们,是哪一种类型的人呢?"
　　陌生人说:"我刚离开的那个小镇上住的都是一些不三不四的人。我们住在那里没有什么快乐可言。所以我打算要搬来这里居住。"

老人回答说:"先生,恐怕你要失望了,因为我们镇上的人,也跟他们完全相似。"

不久之后,又有另一位陌生人向这位老人询问同样的问题,"这是哪一种类型的城镇呢?住在这里的是哪一种人呢?我们正在寻找一个城镇定居下来呢!"

老人又问他同样的问题:"你刚离开的那个小镇上的人们到底是哪一种类型的人?"

这位陌生人回答:"哦!住在那里的都是非常好的人。我的太太跟小孩子在那里度过了一段很好的时光,但我正在寻找一个比以前居住的地方更有发展机会的小镇。我很不愿离开那个小镇,但是我们不得不寻找更好的发展前途。"

老人说:"你很幸运,年轻人。居住在这里的人都是跟你们那里完全相同的人。你将会喜欢他们,他们也会喜欢你的。"

如果你是在寻找不良的人,那么就一定会真的遇到不良的人。如果是在寻找好人,就一定会遇到好人。一颗感恩的心,是你不断前进的保障。人生在世,不可能一帆风顺,种种失败、挫折、痛苦都需要我们勇敢地去面对和解决。这时,是一味埋怨生活,从此变得消沉、萎靡不振?还是对生活满怀感恩,跌倒了再爬起来?英国作家萨克雷说:"生活就是一面镜子,你笑,它也笑;你哭,它也哭。"你感恩生活,生活将赐予你灿烂的阳光;你只知一味地怨天尤人,最终可能一无所有!

拥有一颗感恩的心,是一种豁达,一种高尚的人格,一种魅力的体现。感谢生命,感谢我们所拥有的一切。

02　与人方便就是于己方便

无数时刻，就在你帮助别人的时候，不经意间也帮助了自己。

富勒说："人类始终把一条黄金法则当成行为的准则。这项法则是：种什么因，收什么果。你可以欺负别人，但是根据黄金法则，最后你自己会尝到恶果。"这项法则不仅适用于你的行为，也适用于你所有的思想。

吉姆是一位社区小卖部的老板，由于另一位对手的竞争而使他陷入困境，面临停业。他真想用一块砖头敲碎对手的脑袋。为了缓解心中的压力，吉姆每周都会到教会做礼拜。有一天听牧师讲道，有一句话让他感触很深"帮助别人的同时也是在帮助自己"。

为了让自己的小卖部不至于停业，吉姆不得不四处奔走，增加品种同时降低价格。一天，一位住在弗吉尼亚的老顾客打电话告诉吉姆，自己承接了一个大型社区联欢会，需要一批新鲜的果冻和奶酪，过几天就来和吉姆签合同。这笔业务要是做成了，无疑是给吉姆的小卖部注入了新鲜的血液，可是让吉姆遗憾的是他的小卖部由于技术和设备的限制，不能成功保鲜这批食物，而他的那个对手却能办到。但他的对手却不知道这么一项业务。吉姆记起了牧师的忠告，把这个商业信息告诉了他的竞争对手。对手很顺利的就完成这笔生意。

这次合作成功之后，吉姆的竞争对手觉得吉姆的为人很值得称道，于是就主动要求和吉姆的小卖部搞联营。吉姆当然是喜出望外，因为他再也不担心面临停业了。

竞争与合作是相辅相成的，当自己的实力和对手的实力无法匹敌时，可以通过合作来达到我们想要的结果，这不是一种妥协，而是一种双赢。

合作的方式有很多种,如何选择,就需要你认真仔细的考虑了。

一年冬天,年轻的哈默随一群同伴来到美国南加州一个名叫沃尔逊的小镇,在那里,他认识了善良的镇长杰克逊。正是这位镇长,对哈默后来的成功影响巨大。

那天下着小雨,镇长门前花圃旁边的小路成了一片泥潭。于是行人就从花圃里穿过,弄得花圃一片狼藉。哈默不禁替镇长痛惜,于是不顾寒雨淋身,独自站在雨中看护花圃,让行人从泥潭中穿行。

这时出去半天的镇长满面微笑地从外面挑回一担煤渣,从容地把它铺在泥潭里。结果,再也没有人从花圃里穿过了。镇长意味深长地对哈默说:"你看,给人方便,就是给自己方便。我们这样做有什么不好?"每个人的心都是一个花圃,每个人的人生之旅就好比花圃旁边的小路,而生活的天空不仅有风和日丽,也有风霜雪雨。那些在雨中前行的人们如果能有一条可以顺利通过的路,谁还愿意去践踏美丽的花圃呢?

后来,哈默在艰苦的奋斗下终于成了美国石油大王。一天深夜,他在一家大酒店门口被记者杰西克拦住,杰西克问了他一个最敏感的话题:"为什么前一阵子阁下对东欧国家的石油输出量减少了,而你最大对手的石油输出量却略有增加?这似乎与阁下现在的石油大王身份不符?"

哈默听了记者这个尖锐的问题,没有立即反驳他,而是平静地回答

175

高调做事低调做人

道:"给人方便就是给自己方便。那些想在竞争中出人头地的人如果知道,关照别人需要的只是一点点的理解与大度,却能赢来意想不到的收获,那他一定会后悔不迭。给人方便,是一种最有力量的方式,也是一条最好的路。"

在公司里,如果领导能真正关心部属,关心工作伙伴,甚至关心客户,同时关心到他们的家人,让他们感觉到,这是非常重视家庭生活的一个组织,在这里工作是希望每个人更好,甚至是他的家人都能够过得更好。用这样的理念来关心这个社会,关心周围的每一个人,这样做的结果,会比得到追求财富上的成功,或是个人的成就感,要来得更有意义。

如果你能做到处处事事都依照"与人方便与己方便"的原则行事,"宁愿自己揽下麻烦,不给别人增添困难"的话,心存这般古道热肠,办事定会左右逢源。你不仅会赢得四海的朋友,还会招来八方财源。与人方便就是与自己方便,好心回报如愿以偿。

03 永远不要认为自己是"大材小用"

成就只是起点,谦虚学习别人的长处、补自己的不足之处,才能在职场上立于不败之地。

一个人要保持谦虚的姿态,善于学习他人的长处,以积累更多的经验,进而发展自己的才能,拥有更高的权威。反之,如果一个人自以为是、骄傲自大、目空一切,只能阻碍自己的发展,最终一事无成。

王刚毕业于北京某名牌大学,现就职于一家策划公司。他的个人能力很强,是公司的得力干将。他主持策划的几套企业方案为公司带来了很大的社会效益,一些中小企业也常常请他帮忙做些形象策划,并付给他丰厚的报酬。

按常理来说,王刚的资历和能力早该升到部门主管了,可他还是个一般职员。在他眼里,公司里的人都是一些无能之辈,张三李四经常是他评说的对象,王五赵六也不是他的对手,就连公司的老总他也不放在眼里,整天一副洋洋得意、高高在上的样子。但由于他的工作能力强,公司领导也想提拔他,可一到考核时,同事们都说与他不好共事,并表示不愿到他所负责的部门做事。

就这样,王刚成了"孤家寡人"。老总一谈到他,也总是无可奈何地摇头说:"他就是恃才傲物、个性太强了。"

孔子说:"三人行,必有我师焉。择其善者而从之,其不善者而改之。"意思是在众人之中一定有值得我学习的东西,因而要虚心学习别人的长处,把别人的缺点当镜子,对照自己,有则改之,无则加勉。所以敏而好学,不耻下问,虚怀若谷,应该成为每一个居于人生巅峰的企业家们的重要修养。

当你在工作上有了一定的成就时,千万不要恃才傲物,要做到谦虚谨慎,放低自己的姿态。成就只是起点,虚心学习别人的长处、补自己的不足之处,才能在职场上立于不败之地。

年轻人有远大的理想固然是好事,但是如果不能脚踏实地做人,理想也就无从实现。如果不及早纠正眼高手低的毛病,那么你的梦想迟早会变为空想。

郭英毕业于某大学外语系,她一心想进入大型的外资企业,最后却不得不到一家成立不到半年的小公司"栖身"。心高气傲的她根本没把这家小公司放在眼里,她想利用试用期"骑驴找马"。在郭英看来,这里的一切都不顺眼——不修边幅的老板、不完善的管理制度、土里土气的同事……自己梦想中的工作可完全不是这样。"怎么回事?""什么破公司?""整理文档? 这样的小事怎么能让我这个外语系的高才生做呢?"

高调做事低调做人

"这么简单的文件必须得我翻译吗?""噢,我受不了了!"就这样,郭英天天抱怨老板和同事,愁眉不展,牢骚不停,而实际的工作也是常常是能拖则拖,能躲就躲,因为这些"芝麻绿豆的小事"根本就不在她的思考范围之内,她梦想中的工作应该是一言定千金的那种。她总是感叹:"梦想为什么那么远呢?"试用期很快过去,老板认真地对她说:"你确实是个人才,但你似乎并不喜欢在我们这种小公司里工作,因此,对手边的工作敷衍了事。既然如此,我们也没有理由挽留你。对不起,请另谋高就吧!"被辞退的郭英这才清醒过来,当初自己应聘到这家公司也是费了不少力气的,而且就眼前的就业形势来说,再找一份像这样的工作也很困难。初次工作就以"翻船"而告终,这让郭英万分后悔,但可惜一切都已经晚了!

郭英犯的是年轻人普遍犯的一个错误:好高骛远。实际生活中,我们要脚踏实地,时时衡量自己的实力,不断调整自己的方向,才能一步一步达到自己的目标。但凡在事业上取得一定成就的人,大都是从简单的工作和低微的职位上一步一步走上来的。他们总能在一些细小的事情中找到个人成长的支点,不断调整自己的心态,走向成功。而"眼高手低"只会让你永远站在起点,无法到达终点。

桀骜不驯、将尾巴翘到天上的人,往往没有自知之明,没有放下架子甘当小学生的决心,即便是爬到了高山的顶峰,一朝失势就会被摔得很惨。

王丰是一位大学生,在所有人眼里,成绩好的他注定会成就一番大事业。

正如人们所预料的,他确实成就了一番事业。只是在外人看来,这番事业却有点和他的身份不相符——卖蚵仔面线卖出了成就。

毕业后不久还没找工作的王丰得知家乡附近的夜市有个摊子要转让,就向家人"借钱"买了下来。出于对烹饪的兴趣,他便自己当老板,卖起了蚵仔面线。"一个大学生竟然卖起了蚵仔面线?"很多人对此想不明白,但这种"大学生效应"也为他招揽了不少生意。他自己也并没有觉得卖面线有什么丢脸、见不得人的。他的生意越做越大,最终成就了一番事业。

吃得苦中苦,方为人上人。在刚涉入社会的时候,不妨放下架子,甘心从基层干起。有所失必有所得,只有放得下,才能拿得起,舍不得放下自己的虚架子,是不能得到别人赏识的。

所以,在这个大千世界里,只有懂得低调做人的人,才能够在社会这个纷繁的大舞台上扮演好自己的角色,才能够在人生的旅途中走好每一段路,从而在复杂的人际环境中绕开弯路,开创出一个广阔的发展空间,成就辉煌事业,演绎精彩人生。

高调做事低调做人

04　不要让别人知道你比他更聪明

当我们大为谦卑的时候,便是我们最近于伟大的时候。

老子曾对年轻时的孔子说:"良贾深藏若虚,君子盛德,容貌若愚。"意思是善于做生意的商人,总是隐藏其宝货,不令人轻易见之,君子品德高尚,而外表却显得愚笨。其深意是告诫人们,过分炫耀自己的能力,将欲望或精力不加节制地滥用,是毫无益处的。

俗话说:"人怕出名,猪怕壮""树大招风"说的都是这些。如果你过分地显山露水,就会招致别人的误会、嫉妒甚至陷害。泰戈尔曾说过:"当我们大为谦卑的时候,便是我们最近于伟大的时候。"所以我们为确保不给自己带来不必要的麻烦,就应该收敛一些。

琳娜小姐是英国一著名公司的总裁顾问,平时经常和总裁打交道,经常得到总裁的嘉奖。而这一切都被公司的其他同事们看在眼里,嫉恨在

心里。然而,她又是一个爱说爱笑的人,每次都在同事面前炫耀自己的功劳,总裁是如何表扬自己的,都说了些什么。事实上,涉世不深的她只是

想把自己的喜悦同大家分享一番,殊不知,这却害了自己。每当她向他们提起时,同事们纷纷投来羡慕、嫉妒甚至仇恨的目光。慢慢地,她的工作也很难开展了。为此,琳娜烦恼了好一段时间。

最后,她翻阅有关人际关系方面的图书得知,自己每次在同事面前滔滔不绝、口若悬河的行为都让大家感觉不舒服,给人的感觉就是在故意炫耀自己的成绩。这样使得别人难以接受。这下她突然间明白了,从那以后,她不再像以前那样了。相反,她每次都是认真做一个听者。慢慢地,同事们对她也改变了态度。

在生活中,并不缺乏那种凡事三思而后行,不抢风头,不冒险的人。这些人在生活上不"张扬",工作上也讲究低调,听从领导安排,经验跟别人学习,遇事先要等一等,看一看,有成绩怕抢了领导的风头,有进步怕引来同事的嫉妒,凡事都要圆满。而正是这些人,成为最后的胜利者。

某软件公司去年招聘了两名软件技术开发人员,一个叫汤姆,一个叫彼得。两个人均从英国剑桥大学毕业,修的都是计算机专业。汤姆是一个性格外向且易表现的人,处处想表现自己,证明一下自己的实力,从而取悦老板。相反,彼得是一个很内向的人,平时少言寡语。每天都本分地做着自己分内的工作。技术开发部除了他们两个人之外,还有两位老员工,他们进公司已经有五年了。有一次,主管亨利把他们几个人叫到一起说:"现在有个游戏软件需要你们研究一下,最后做成一个寓智慧与娱乐于一体的给中学生玩的游戏软件。时间是半个月。"话音刚落,汤姆觉得这正是表现自己的最好时机,于是立刻站起身来说:"主管,把这个交给我去做吧,我在上学的时候就已经独立做过了。"主管看了看汤姆,说:"有勇气,有胆量,好样的。"

当然,主管又重新交给另外三个去做其他的软件了。

汤姆回去以后,马上投入状态。去图书馆查资料,到学校做调查。每天都工作十几个小时。可过了一个星期,汤姆也不知到底从哪儿下手。

181

高调做事低调做人

他看着彼得和自己的另外两个同事都有条不紊地做着自己的事。另外两个同事对彼得的印象也是非常好,谦虚谨慎、虚心好学的彼得为自己赢得了人气指数。汤姆则显得很孤立,没有人愿意搭理他,在他不知如何下手进行工作时,也没有人愿意帮助他。日子就这样一天一天地过着,眼看就快到交活的时候了,汤姆急得像热锅上的蚂蚁一样。而彼得他们的软件则即将完成,只剩最后的一点工作了。其实,不是大家不愿意帮助汤姆,只是他们手上也有活儿,要是不在规定的时间里完成的话,就等着被主管骂,严重时还会被开除。

果不其然,汤姆由于没有在规定的时间内完成,主要是他根本就不知如何下手操作。他有的只是理论,在实践方面还很欠缺。主管很忌讳那些不懂还不虚心学习的人。他认为汤姆不会有太大的潜能,也不会做出多大的成绩,所以下决心把汤姆炒了。而彼得则因为谦虚好学,凭借自己在学校的理论知识作指导,很有创意的开发过好几张游戏软件,而且他从不把成绩归于自己的头上,说全都是大家的努力,从而很快就得到主管的赏识,被提拔为部门主任。

根基坚固,才有繁枝茂叶,硕果累累;倘若根基浅薄,便难免枝衰叶弱,不禁风雨。而低调做人就是在社会上加固立世根基的绝好姿态。低调做人,不仅可以保护自己、融入人群,与人和谐相处,也可以让人暗蓄力量、悄然潜行,在不显山不露水中成就事业。为了使自己的人生一帆风顺地走向成功,我们应该学会谦虚、谨慎,不要让别人知道你比他聪明。

05　热情做事，平静做人

强烈的自信心，能鼓舞自己的士气，在许多时候会取得意想不到的效果。

能够认识别人，是一种智慧；能够被别人认识，是一种幸福；能够自己认识自己就是圣者贤人。人最难的是正确认识自己，能够清醒地做到这一点，也就近乎一个纯粹完美的人。

14世纪，莫卧儿帝国的一位皇帝在一次战役中大败，自己蜷缩在一

高调做事低调做人

个废弃马房的食槽里,垂头丧气。这时,他看到一只蚂蚁拖着半粒玉米,在一堵垂直的墙上艰难地爬行。这半粒玉米比蚂蚁的身体大许多,蚂蚁爬了 69 次,每次都掉下来,它又尝试第 70 次。这位皇帝想:蚂蚁尚能如此,我为什么不?他终于重整旗鼓,打败了敌人。

现实生活中,为什么那么多人在困难面前低头,不能够像那位莫卧儿帝国的皇帝一样最终取得成功呢?德国哲学家黑格尔说:"没有热情,世界上没有 件伟大的事能完成。"

热情高于事业,就像火柴高于汽油。一桶再纯的汽油,如果没有一根小小的火柴将它点燃,无论它质量怎么好也不会发出半点光,放出一丝热。而热情就像火柴,它能把你具备的多项能力和优势充分地发挥出来,给你的事业带来巨大的动力。

一个没有热情的领导,整天无精打采,没有丝毫的朝气,那么,他的职员一定也会因此而失去工作的兴趣,当大部分职员都没了工作热情时,领导再怎么努力地去工作也会于事无补,只能眼睁睁地看着自己的单位垮掉。有许多出色的领导者,都是凭一股对事业的执著与热情,历尽艰辛,最后才取得成功的。

有一个哲人曾经说过:"要成就一项伟大的事业,你必须具有一种原动力——热情。"英国的乔治·埃尔伯特也指出:"所谓热情,就像发电机一般能使电灯发光、机器运转的一种能量;它能驱动人、引导人奔向光明的前程,能激励人去唤醒沉睡的潜能、才干和活力;它是一股朝着目标前进的动力,也是从心灵内部迸发出来的一种力量。"

蒸汽火车头为了随时产生动力,即使停放在车库中时,也必须不断加燃料,让锅炉中的煤炭始终处于燃烧状态。人也同样如此,我们必须始终保持着旺盛的热情。甘·巴卡拉曾说过:"不管任何人都会拥有热情,所不同的是,有的人的热情只能维持 30 分钟,有的人热情能够保持 30 天,但是一个成功的人,却能让热情持续 30 年。"

当你的脚踩上加速器时,汽车便会马上产生一股动力,向前行驶。而热情也理应如此。因此,你必须牢记:热情是动力,思想是加速器,而你的心就是加油站。

热情是自信的来源,自信是行动的基础,行动是进步的保证。任何人都愿意相信自信的人,一个觉得自己没有希望,连自己都不相信的人,是不可能取得什么成就的。因为,有时候,并不是你真的没有能力完成一件事,而是因为恐惧和悲观导致你无法完成。

如果独木桥的那边是结满硕果的园子,自信的人会毫不犹豫大胆地走过去采摘自己喜爱的果子,而缺乏自信的人却在原地犹豫:我是否能走过去?而在你犹豫的时候,果实早已被大胆行动的人采光了。

任何一个成功者都充满自信。强烈的自信心,能鼓舞自己的士气,在许多时候会取得意想不到的效果。

美国政坛巨头哈瓦·法勒斯曾经说过:"对一个企业来说,一个政府部门来说,乐观和热情就像克服摩擦的润滑剂一样。乐观能使人对新的选择或方案保持开放,能够使人以一种愉快的心情和积极的心态来看待和处理他所面对的事情。"相反,情绪悲观,则让人始终沉浸在郁闷、消极的心境里,不能正确面对迎接的挑战。

在你合作的群体里,每个人的能力都不会相差得太悬殊,每一个人的机遇也是大致均等的。因此,在你合作的群体里,你总想能取得竞争的胜利,占据竞争的优势,这个想法是不太正确的,也是不太现实的。

任何人都一样,既有在合作中竞争胜利的可能,也有失败的可能,胜利了,固然可喜可贺,但失败了,也一定要想得开。你必须明白:阳光不可能每时每刻都照耀着你,而不去照顾一下别人,每个人都会经历到竞争失败的结果,即使失败了,也应该乐观地看待,不要始终沉浸在悲观之中,好像觉得自己永无出头之日一样。

如果你在竞争中被对手打败,不妨笑着面对现实,并且向你的合作者

高调做事低调做人

兼竞争者表示友好和祝贺,这既能使你在你的合作者中显示出大将风度,又能增添自己战胜失败的信心。

在一次竞争中失败了,并不意味着以后的每次竞争都会失败。失败后,在保持乐观情绪的情况下,认真总结经验,分析自己失败的原因、竞争对手获胜的原因,那么在下一次较量中你就很有可能尝到胜利的滋味,把失败的痛苦留给你的竞争者对手。

相反,如果失败后悲观消沉,一蹶不振,那么,在下一次竞争中会再次名落孙山,那就真的永无出头之日了。

无论做任何事,"三心二意"都是一大障碍,不把全部精力集中在你要做的事情上,而去想其他无关紧要的事情,心猿意马,难免会分散精力。一个人的精力是有限的,没有足够的精力投入到事业上去,那么这项事业成功的机会可想而知。

把你的意志集中于所要办的事情上,就会大大加强你自己的能力,就如同激光的强力在于集中一样,假如你能专心致志于你现在正在进行的事业上,你将变得更有效率。大多数的成功者之所以能够成功,就在于他们始终如一地坚持在自己的事业上。

美国社会学家特莱克考察了他所遇到的所有企业家,发现他们具备一个共同点:那就是坚忍不拔的精神。

人的一生要面对许多人,经历许多事,但无论如何都要活得平凡而高贵。其实这也不难,只要能学会热情做事,平静做人就够了。

06 胜利的时候更要保持平常心

胜利之后,让自己冷静下来,得意莫忘失意时,再接再厉,继续投入到人生新的一段旅途中。

如果沉迷于以往所取得的成就当中,将会失去对未来的判断能力,而产生骄傲自满的情绪。我们应该把已取得的成绩作为继续奋斗的新起点,以饱满的热情和充沛的精力,重新回到以零为基础的起跑线上,开始新一轮的拼搏!

惹人喜爱的动画明星米老鼠和唐老鸭的形象从 20 世纪 30 年代开始风靡世界,经久不衰,深受成人和儿童的喜爱。它们的设计者沃尔特·迪斯尼也被人们称为卡通片大王。他是有声动画片和彩色动画片的创制者,曾荣获奥斯卡金像奖。后来,他又根据这些可爱的银幕形象设计和创建了被称为世界第九大奇迹的迪斯尼乐园。

沃尔特·迪斯尼 1901 年出生于美国芝加哥,他的父亲是西班牙移民。15 岁时,沃尔特就确定了自己一生的理想。在他看来,自己最大的本领就是有异于常人的艺术感知力。他认为,自己将来有可能靠画画挣钱,当一名画家,于是便把课余的时间都用在绘画上。他白天上学,晚上到芝加哥画院学画。20 岁时,沃尔特到一家广告公司工作。这期间他经常光顾电影院,成了好莱坞喜剧明星的崇拜者。这些喜剧片大都是一些既粗糙又幼稚的动画片。年轻的沃尔特既喜爱这种形式,又感到有点不满足,他决心创造出比这更出色的东西来。

此后,沃尔特便经常去堪萨斯公共图书馆,阅览有关电影动画绘画的书刊。1922 年,沃尔特有了一点积蓄,他辞去了广告公司的工作,自筹了

高调做事低调做人

1500美元，创办了动画片制作公司。米老鼠系列片一部接一部地拍了出来。1932年，迪斯尼公司的第一部彩色有声动画片《花儿与树》获得了巨大成功，并获得了当年的奥斯卡奖。《花儿与树》的成功不仅进一步确立了沃尔特·迪斯尼在动画片领域的地位，也给他带来极为可观的收入。

1933年，沃尔特又拍成了彩色动画片《三只小猪》，首映时，盛况不亚于米老鼠系列片。当时美国正处于经济危机中，这部片子的主题歌《谁怕大灰狼》风行一时。之后，他又拍了一些米老鼠题材的动画片，并在其中加入了"唐老鸭""普洛托狗"等形象。

1934年，沃尔特在欧洲旅行时，从巴黎的一位老板那儿得到灵感，决定拍一部长动画片《白雪公主和七个小矮人》。当时还没有长动画片问世，因为长片放映时间要大约一个半小时，很多人都认为沃尔特这样做是冒险。但沃尔特坚持了下来。1937年12月，片子拍出来了，果然又是盛况空前。这部片子还被译成各国语言,在全世界放映,盈利比沃尔特预期的还要高出 10 倍。

沃尔特天生有着无穷的想象力,就在他创作米老鼠、唐老鸭、三只小猪、白雪公主等动画片角色时,他已经开始设计一座童话乐园。在他的想象中,那是一个孩子们的世界,不仅有动画片和童话故事里的人物、建筑和树林,还有各种各样新颖有趣的游戏,总之,应该充满儿童的乐趣。1955 年,迪斯尼乐园建成并启用。那时他就发现,这座乐园并不完全是属于孩子们的,成年人也和孩子们一样对它怀有极大的兴趣,它成了洛杉矶一处标志性的旅游景点,所有到美国西海岸来的游客都要到此一游,因此,迪斯尼乐园收益巨大。后来,他又在美国东部的佛罗里达州建了一座规模更大的乐园,叫做"迪斯尼世界",园内设有酒店和更多的旅游景点,成了美国最有趣的一个度假村。

人性有一个弱点,就是得意忘形,失意变形。但是我们要想成功,就必须克服人性的弱点。也就是说当你得意的时候,一定要淡然,不可忘形,要以平和之心对待,否则,得意的背后往往隐藏着失意。失意时需坚定斗志,不管阴雨蔽日,黑云压城,坚信熬过去便是晴朗的天。得意时需抽身而退,不管鲜花掌声,阳光照耀,需低调埋首,默然缄口,变灿烂为平淡。

健康的心态,就是在你失败时不垂头丧气,怨天尤人;在你成功时不得意忘形,沾沾自喜。人生不可能一帆风顺,无论面对成功还是失败,如果能够坦然一笑,从容淡定,用心体会成功的喜悦或失败的苦涩,反思曾经走过的路,那么继续前行的灯必定会更加明亮。

189

07　沮丧的时候默念三声"谢谢"

一个人的学历和阅历可以慢慢学,慢慢增长,但一个人的乐观心态是不可能在短时间内树立起来的。

生活中总会遇到各种各样的困境,如果陷入困境不能自拔,便会痛苦万分;如果你有积极乐观的心态,转变看问题的角度,困难将不会束缚你的手脚。保持一颗乐观的心,不必气馁,不必懊恼,默念三声"谢谢",风雨之后,就是美丽的彩虹。

一个女儿对父亲抱怨她的职业,说自己的工作是那么艰难,她不知该如何应付生活,甚至想要自暴自弃了。她的父亲是位厨师,他把她带进厨房。他往一只锅里放些胡萝卜,第二只锅里放入鸡蛋,最后一只锅里放入碾成粉状的咖啡豆。他将它们浸入开水中煮,一句话也没说。

女儿咂咂嘴,不耐烦地等待着,纳闷父亲在做什么。大约20分钟后,他把火闭了,把胡萝卜捞出来放入一个碗内,把鸡蛋捞出来放到另一个碗内,然后又把咖啡舀到一个杯子里。做完这些后,他才转过身问女儿,"亲爱的,你看见什么了?""胡萝卜、鸡蛋、咖啡。"她回答。

他让女儿靠近并让她用手摸摸胡萝卜。她摸了摸,注意到它们变软了。父亲又让女儿拿一只鸡蛋并打破它。将壳剥掉后,她看到的是只煮熟的鸡蛋。最后,他让她啜饮咖啡。品尝到香浓的咖啡,女儿笑了。她问道:"父亲,这意味着什么?"

父亲解释说,这三样东西面临着同样的逆境——煮沸的开水,但其反应却各不相同。胡萝卜入锅之前是强壮的、结实的,毫不示弱,但进入开水后它却变软了,变弱了。鸡蛋原来是易碎的,它薄薄的外壳保护着它呈

液体的内脏,但是经开水一煮,它的内脏变硬了。而粉状咖啡豆则很独特,进入沸水后,它们倒改变了水。"哪个是你呢?"他问女儿,"当逆境找上门来时,你该如何反应?你是胡萝卜,是鸡蛋,还是咖啡豆?"

在日常生活中,我们能够一帆风顺固然很好,但是被人冷落也是常有的事。只是有的人总能四两拨千斤,咬咬牙挺过去,让自己走出困境;有的人则一遇到困境,就像是遇到泰山压顶一样,喘不过气来。我们应该认清自身的价值,因为是金子迟早要发光的。

当你认清自己的那一刻,你的自信足以克服任何挫折。所以你在遇到冷落的时候千万不要认为自己一辈子就这样了,也许你的转机就在你所坚持走下去的路上等你。

一个公司的总裁因自己年事已高,想要找一个合适的人选接替自己

高调做事低调做人

的位置，却一直都没有适合的人出现。一天，他开车回老家碰上了一个年轻人正喜气洋洋地庆贺自己的新房落成。满院子挤满了前去庆贺的老乡，大家推杯换盏，一派热闹景象。这位总裁也前去凑热闹，正当大家都开怀畅饮时，只听"轰隆隆"一声巨响，新盖的房子塌了下来。

这时年轻人的父母号啕大哭，众乡亲也都为这年轻人叹息，没想到年轻人却举起酒杯对大家说："没关系，这房子塌了，说明我将来一定会住上比这更好的房子。如果不塌，说不定我一辈子都得住在这房子里，不想努力了！来，为我今后更好的生活干杯！"乡亲们听他这么一说也都不再叹息了，大家继续畅饮，一直闹到了晚上。总裁回到家说起这事，才从家人的口中得知：这位年轻人高考失败后，出门打工，并用自己挣来的钱养活父母，给自己盖房子。这其中，他吃了不少苦，但从来没听说他绝望过。

于是，这位总裁回公司之后，马上就给这个年轻人写了一封信，请他到公司任职，并不断地培养他。总裁退休时极力推荐这位青年，却遭到了董事会的一致反对。因为，董事会成员认为这个年轻人学历和阅历都不够，不足以胜任总裁之职。

但这位总裁说："一个人的学历和阅历可以慢慢学，慢慢增长。但一个人的乐观心态是不可能在短时间内树立起来的，我选择他正是因为我知道他不管在什么情况下都不会对自己失去信心，更不会对公司失去信心。"最终，年轻人赢得了董事会所有成员的认可，并在以后的日子里引领公司在纷繁复杂的商业竞争中树立起了自己的品牌。

我们经常会听到一些人抱怨人生的路越走越窄，看不到成功的希望，但他们又因循守旧，不思改变。其实，天生我才必有用，东方不亮西方亮。如果我们调整一下思路，改变一下心态，完全会出现柳暗花明又一村的无限风光。

如果你自己没有一个好的、积极向上的工作态度和生活态度，即使工作或生活在一个快乐的集体里面，对于快乐和美丽你也是感受不到的。

冬天过去就是春天,黑夜过去就是光明。这是自然界的循环,也彰显了一个人生的哲理:处在最低谷时,再坚持一刻,就会出现转机。然而转机并不是自己送上门来的,而是靠人去发现、去创造、去争取的。

08 积累平凡,就是积累卓越

人生可以平淡,但不可以平庸。矢志追求者必须勇于从平凡中崛起,在淡泊中丰富智慧,孕育卓越。

杜鲁门当选总统后不久,有一位客人前来拜访他的母亲。客人称赞道:"有总统这样的儿子,您一定感到十分自豪吧。"杜鲁门的母亲赞同地说:"是这样的。不过,我还有一个儿子,也同样使我感到自豪,他现在正在地里刨土豆。"这真是一位伟大的母亲。其实,生活原本也是这样,只要不平庸,平凡和伟大一样令人自豪。

人生,尤其需要积累。积累平凡,就是积累卓越。积累,是一种智慧,一种信念,一种境界。积累是做人,处事,立德的本分,也是天生我才必有用的前提。一个追求卓越的人,必定是充满自信、勤奋忘我、拼搏进取的人。一个追求卓越的集体必定是朝气蓬勃,奋发图强,充满生机、活力和希望的集体。此时,淡泊宁静不失为一种调适心境、平衡身心的方式。人生可以平淡,但不可以平庸。

无论我们要实现何种人生目标,都绝不可能是一蹴而就的简单,它是需要一个不断积累的过程的。我们要追求卓越,我们不甘心平庸,就要立足于眼下的平凡,踏踏实实地做好本职工作,从日常点滴的小事积累做起……所以,我们要进取、要优秀,只有立足于每一个平凡甚至枯燥的今天,把目标与日常工作有机地结合起来,从平凡做起,从身边的小事做起,

高调做事低调做人

把自己经手的每一件事都做得精益求精、尽善尽美,我们才有可能最终迈向卓越的明天。因为卓越就是一种积累的过程。

小王刚参加工作,是到工厂做车工。在那里,师傅要求他每天车完28 800个铆钉。一个星期后,他疲惫不堪地找到师傅,说干不了想回家。

师傅问他:"一秒钟车完一个可以吗?"小王点点头,这是不难做到的。

师傅给他一块表,说:"那好,从现在开始,你就一秒钟车一个,别的都不用管,看看你能车多少吧。"

小王照师傅说的慢慢干了起来,一天下来,他不仅圆满完成了任务,而且居然没有觉得累。

师傅笑着对他说:"知道为什么吗?那是你一开始就给自己心里蒙上一层阴影,觉得28 800是个多么大的数字。如果这样分开去做,不就是七八个小时吗?"

小王恍然大悟。

后来,小王经常和别人说起这个故事。他说:"分开去做,听起来简单,实则蕴涵着无穷的成功智慧。如果不是师傅当初那么开导我,我肯定是干不下去的。"正是因为师傅的那句话,让小王明白了,事情要一步步做,路要一步步走。所以,在以后的工作中,他一直踏踏实实做事,认认真真做人。

要想成为一名卓越的员工,不仅要注意细节,还要思路创新。"海不择细流,故能成其大;山不拒细壤,方能成其高"。说明细小事物的力量有时候是无穷大的。其实,看起来微不足道的细节,其中可能蕴藏着巨大的机会。

职位再高的员工,他平常的工作也是由各种小事情来组成的。一个优秀的员工就是这样在小工作中不断地实现自己的理想,向更高更长远的目标前进,这样才能一直保持激情和活力,整个企业也就充满了力量。

每个人都应该有一个长远的目标,甚至可以说是职业生涯的最终目标,这个目标不妨定得远大一些,但是制定人生目标并不是坐下来空想,而是要根据自己的实际情况而定。

长远目标的实现往往需要很长的时间,其中充满了挫折和变数,我们可以把自己的目标分成若干个小目标来实现。

1984年,在东京国际马拉松邀请赛中,名不见经传的日本选手山田本一令人意外地夺得了冠军。当记者问他是如何取得如此惊人的成绩时,他说了这么一句话:"用智慧战胜对手。"

当时,许多人都认为这个偶然跑到前面的矮个子选手是在故弄玄虚。马拉松赛是体力和耐力的运动,只要身体素质好又有耐性就有望夺冠,爆发力和速度都在其次,说用智慧取胜确实有点勉强。于是,当时的报纸充满了对山田本一的嘲讽。

两年后,在意大利国际马拉松邀请赛上,山田本一又代表日本参加比赛。这一次,他又获得了冠军,记者又请他谈经验。

山田本一生性木讷,不善言谈,回答的仍然是上次那句话:"用智慧取胜。"面对这位名将,这次记者在报纸上没再挖苦他,但对他所谓的"智慧"仍迷惑不解。

十年后,这个谜终于被解开了,他在自传中是这么说的:"每次比赛时,我都要乘车把比赛的线路仔细地看一遍,并把沿途比较醒目的标志画下来，比如第一个标志是银行；第二个标志是一棵大树；第三个标志是一座红房子……这样一直画到赛程的终点。

"比赛开始后，我就以百米的速度奋力地向第一个目标冲去，等到达第一个目标后，我又以同样的速度向第二个目标冲去。40多千米的赛程，就被我分解成这么几个小目标轻松地跑完了。起初，我并不懂这样的道理，我把我的目标定在40多千米外终点线上的那面旗帜上，结果我跑到十几千米时就疲惫不堪了，我被前面那段遥远的路程给吓倒了。"

在现实生活中，我们做事之所以会半途而废，其中的原因，往往不是因为难度较大，而是觉得成功离我们较远，确切地说，我们不是因为失败而失败，而是因为倦怠而失败。

只要在自己的岗位上努力工作，不断地学习新的知识，并且在处人方面要善于理解别人，和别人沟通，促进合作，这样的人在各方面才是卓越的。在平凡中日复一日，做一天和尚撞一天钟，是为平庸；在平凡中勇于开拓，不断创新，即为卓越，所不一样的只是面对工作的态度。正如海尔集团董事长张瑞敏所讲："把每一件简单的事做好就是不简单，把每一件平凡的事做好就是不平凡。"

09 吃亏也是一种福气

"吃亏是福"，是人生的一种达观大度，内中蕴含着极为丰富的人生哲理。能吃亏是做人的一种境界，会吃亏更是处世的一种睿智。

很多人见到好处就捞，遇到便宜就占，即使是蝇头小利，见之也会心跳眼红手痒，志在必得。世上没有白占的便宜，每占一份便宜，也许会使你失去一分人格，每捞一份好处，也许会使你失掉一分尊严。同样，世上也没有白吃的亏。吃亏也是一种福气。"吃亏是福"是一种自律和大度，是一种人格上的升华，吃亏之后，势必会赢得理解和尊重。

面对现实，我们应该明白：人的一生，不能只占便宜不吃亏。身在职场，我们一定要习惯于用长远的眼光来看问题，切不可目光短浅，而是要像那些有远见的智者一样，低调做人，主动地去吃点小亏，在减少是非的同时，也为你避免了职业生涯上不必要的失败。

为人处世不要怕吃亏，尤其是当朋友有困难的时候更应如此。要知道，这些行为是最好的感情投资，很可能在以后获得丰厚的回报。

人都有利己之心，面对诱惑，都会不自觉地趋利避害。大多时候我们会认为，确保自己的利益，争取更多的回报是一个人能力的表现，是成功的标志。然而，真正为人处世的大智慧却是学会吃亏。可以说，做人的可贵之处就在于乐于亏己。

"吃亏是福"，是人生的一种达观大度，其中蕴含着极为丰富的人生哲理。能吃亏是做人的一种境界，会吃亏更是处世的一种睿智。与人相处，不必在意吃点眼前亏，要知道，人生之路很长，更多的回报还在后面。

"祸兮福之所伏"，吃些亏可以累积你的经验，提高你的做事能力，同时扩张你的人际网络。

小杨是一家出版社的编辑。他的文笔很好，但更可贵的是他的工作态度。那时出版社正在进行一套图书的发行，每个人都很忙碌，但老板并不打算增加人手，于是编辑部的人也被派到发行部、业务部帮忙，但整个编辑部只有小杨接受了老板的指派，其他的人都是去一两次就抗议了。

小杨说："吃亏就是占便宜嘛！"

事实上也看不出他占到了什么便宜，因为他要帮忙包书、送书，像个包装工一样。

他确实是个可随意指挥的员工，后来他又去业务部，参与直销的工作，此外，连取稿、跑印刷厂、邮寄……只要开口要求，他都乐意帮忙！

高调做事低调做人

"反正吃亏就是占便宜嘛!"他依然这么说。

两年过后,小杨自己成立了一家文化公司。

原来他是在"吃亏"的时候,把出版社的编辑、发行、直销等工作都摸透了,他的确是占到了大"便宜"!

现在,他仍然抱着这种态度做事,对作者,他用"吃亏"来换取作者的信任;对员工,他用"吃亏"来换取他们的向心力;对印刷厂,他用"吃亏"来换取信誉。

吃亏是福,因为人都有趋利的本性,你吃点亏,让别人得利,就能最大限度调动别人的积极性,使你的事业兴旺发达。

美国亨利食品加工工业公司总经理亨利·霍金士先生突然从化验室的报告上发现,他们生产的食品配方中,起保鲜作用的添加剂有毒,虽

然毒性不大，但长期服用对身体有害。如果不用添加剂，则又会影响食品的新鲜度。

亨利·霍金士考虑了一下，他认为应以诚对待顾客，毅然把这一有损销量的事情告诉了每位顾客，于是他当即向社会宣布，防腐剂有毒，对身体有害。

这一下，霍金士面对了很大的压力，食品销路锐减不说，所有从事食品加工的老板都联合起来，用一切手段向他反扑，指责他别有用心，打击别人，抬高自己，他们联合一起抵制亨利公司的产品，亨利公司一下子跌到了濒临倒闭的边缘。

苦苦挣扎了4年之后，亨利·霍金士已经倾家荡产，但他的名声却家喻户晓。这时候，政府站出来支持霍金士了。亨利公司的产品又成了人们放心满意的热门货。

亨利公司在很短时间里便恢复了元气，规模扩大了两倍。亨利·霍金士也一举登上了美国食品加工业的头把交椅。

事实上，如果你能够平心静气地对待吃亏，表现自己的肚量，往往能够获得他人的青睐，获得经销商所需要的人脉资源，从而获得商业上的成功。

世界上没有白吃的亏，有付出必然有回报，生活中有太多的这种事情，如果过于斤斤计较，往往得不到他人的支持，只有放开肚量，从长远的角度思考问题，那么吃亏实际上是一种商业投入，吃亏是福。